這輩子
賺多少才夠？

| 逆轉勝！成為自己的富一代 |

Will 黃士豪 ───── 著

suncolor
三采文化

U0013431

CONTENTS

各界推薦 朝向富一代的道路前進！   008

作 者 序 你的成就，取決於你多愛這個世界   012

第 1 章   人為什麼窮？

⑤ 從困乏的起點脫胎換骨

被討債噴漆砸窗戶的童年   019

該出國還是該考公務員   021

買書錢都沒有，還想留學？   023

我該怎麼做才能達到目標？   025

⑤ 從負開始的財務規劃

錢的事情就這四要素   034

還債也有技術   036

跟高利貸交手讓我差點剁手！   039

打掉爛債人生，從這裡翻身   042

⑤ 對錢的誤解

你先是內心窮，然後真的窮   045

為什麼窮困得很穩定？ 048

賺錢的目的只為了花錢？ 051

有錢人一定比較幸福？ 054

Ⓢ 困乏者的思維

人生沒錢就完蛋？ 059

理想生活需要多少錢？ 064

儲蓄沒有錯，光靠儲蓄就大錯特錯 067

好好工作，其他別想太多？ 070

你衡量過這個風險嗎？ 073

第2章 探索夢想與設定財務目標

Ⓢ 你跟錢的關係，還好嗎？

沒有錢的痛苦，跟錢沒關係 081

用系統改善你跟錢的關係 083

體驗才是最大的財富 085

打造財務系統的第一步 087

我不知道自己要什麼 089

Ⓢ 不要怕做夢，寫下來

聚焦夢想更有機會擺脫窮困 091

夢想倉庫的作用與目的 093

站起來！跟錢拚了！ 099

建造夢想倉庫五步驟　　101

探索人生願景，就是定義人生財富　　106

⑤ 從人生願景回推財務目標

實戰演練：熱愛大自然的 Amy　　110

你需要的錢並沒有那麼多　　116

2 大報表、4 大要素速解財務現況　　118

超實戰演練：Amy 財務現況總整理　　129

⑤ 量化財務現況與財務目標

只差 1 億多而已　　134

聽到 1 億，馬上放棄？　　138

你有拆解過目標嗎？　　140

第3章 **財富增長的財務四策略**

⑤ 支出策略：先決定願景再決定怎麼省

不是省吃儉用就好　　149

薪資差 5 倍，人生可能差 20 倍　　152

⑤ 資產策略：穩定財富基礎

什麼是資產？　　156

三大視角的資產定義　　158

看不見的隱性資產　　169

⑤ 債務策略：生產型、便利型與寄生蟲債務

常見的三種債務分類　　　　　　　　　　171

生產型債務　　　　　　　　　　　　　　173

便利型債務　　　　　　　　　　　　　　179

寄生蟲債務　　　　　　　　　　　　　　182

⑤ 收入策略：讓財富翻倍增長

追求財務成功 vs. 追求人生財富　　　　　185

搞定主動收入結構，財富自己滾進來　　　188

⑤ 槓桿你的被動收入

被動收入的真相　　　　　　　　　　　　200

輸入「10.7%」的複利　　　　　　　　　　203

你不用全部弄懂才開始投資　　　　　　　205

規避用錢賺錢的三大陷阱　　　　　　　　207

⑤ 價值投資

股市獲利的三種方法　　　　　　　　　　213

如果你不適合頻繁交易　　　　　　　　　215

價值投資能成就億萬身價？　　　　　　　217

⑤ 選股投入、穩定獲利

保持穩定獲利心法　　　　　　　　　　　221

穩定獲利心法 ① 對的跑道（產業、知識圈）　224

穩定獲利心法 ② 對的車子（護城河）　　228

穩定獲利心法 ③ 對的配置（水平、垂直）　　235

⑤ 操作心法大總結

分散風險的真意：聚寶盆投資法　　241

區域型指數型基金的優勢　　244

長期複利，妙不可言　　246

你不需要明牌　　249

第4章　四類財務現況的啟動策略

⑤ 正視你的財務

財務現況的四象限　　253

三大財務增長原則　　255

⑤ 第一象限（＋，＋）：牢籠迴圈族

你是牢籠迴圈族嗎？　　259

牢籠迴圈族的起點　　261

⑤ 第二象限（－，＋）：坐吃山空族

房子有了，其他都沒有？　　269

脫困三策略　　271

⑤ 第三象限（－，－）：亡命天涯族

還債翻身三原則   280

⑤ 第四象限（＋，－）：輸在起跑點

挪動起點三策略   286

終　章 **打造億萬體質的重點複習**

⑤ **定義你的人生財富**

打造你的財富容器   297

只屬於你的理想生活   300

量化財務目標   303

製作財務現況、評估差距與所需年化報酬計算   306

掌握差距，精準監控   308

⑤ **資產配置與投資組合評估**

做好準備，盡情攻掠   310

⑤ **定期檢視財務儀表板**

方向清晰，找到心中的理想生活   314

特別收錄 【10 週打造致富體質行動清單】   321

各界推薦（依姓名筆劃排列）
朝向富一代的道路前進！

　　每個人的一生總會遇到幾個會改變你未來的貴人朋友，而 Will 對我來說就是其中一位。在沒有認識他之前我完全不懂任何理財和投資，只知道靠接商演和教課來賺錢，不停地用時間去換金錢。直到他帶我認識到美股投資，我才明白複利的驚人威力和價值投資的理念。Will 總會用最簡單的方式來教會你投資理財觀念，讓你學會檢視自己的財務狀況並且找到最適合你的投資工具。

──灌籃教練　Steve Lin

　　我和 Will 老師第一次見面是在朋友的聚會。當時 22 歲的我，基本上是靠自己在偶像活動中賺的錢生活，另外還有學貸要還。那天第一次聽到老師分享理財的方法與概念，開

始有了要好好理財的想法。

　　自己從 15 歲開始出來工作，深知賺錢真的不容易，想好好學習並處理努力辛苦賺來的錢。

　　看完老師在這本書中寫的過往經歷，更覺得這件事雖然學校沒有教，但其實是每個人應該要學會的事。書中講解對錢的觀念與想法，也是我之前沒有意識到的。謝謝 Will 老師讓我更理解何謂財富，以及除了追求財富外，人生還有哪些事也很重要。

　　理財永遠不嫌晚。

　　期待大家看完這本書也能夠跟我一樣，受益良多。

——人氣偶像　邱品涵

　　「站在未來，安排現在！」對我們影像工作者是當頭棒喝的一句話。過去我們普遍缺少這樣的觀念，當認識 Will 後，學會建立這樣的人生準則，並且拆解願景回推這輩子賺多少才夠，從此每天生活踏實，目標一致。跟著 Will 的腳步，自信的我已經朝著富一代的路前進！

——金鐘導演　游志聖

　　曾經上過 Will 的課程，當時學習到一個很重要的觀念——所謂富人並不只是帳戶裡更多錢就是富足，致富的思維中除了理財，其實更多是對自己人生的掌握、有多了解自己的需求、並設立目標。在進入實打實的理財教學之前，Will 認真地設身處地，分享自身經驗、分析各類人容易犯下的理財誤區，澈底消毒大家對投資前置準備的錯誤心態，超級實用又易懂，很推薦給不敢投資、時常因為金錢焦慮的人。

——YouTuber　飽妮

　　黃士豪是「超男訓練營」第一屆的學員，但我認為在那之前，他早就是一位超越自己的男人。他不僅能以勇氣和智慧突破限制，把命運給他的一手爛牌打成勝局，還具備獨特的敏銳度，能嗅出好的投資機會，一邊管理跨國事業，一邊為自己和家人達到財富自由。看到他平常帥氣自在的樣子，你絕對會認為 Will 是個含著金湯匙出生的公子哥，豈知他年紀輕輕，卻歷經了多少風雨！

　　如果你聽過 Will 之前在 POP Radio 所主持的廣播節目的話，會知道他談吐很有內涵，與各種不同背景的來賓也都應對自如。這絕不是偶然的，因為他是個非常用功的主持

人,不但熱愛閱讀,對新知識和思維也相當好學。他不放過任何能夠讓自己進步的機會,也因為他之前讀了《超男進化論》,好奇之下報名了課程,我也才有幸結識這麼優秀的朋友。

如今士豪要出書了,我也很自豪能為他推薦。他不但會教你一套清晰的理財觀念,而且 Will 力行這套方法,也幫助了許多人脫離債務的困境。這本書不但會給你逆轉勝的熱血精神,還提供了清楚易懂的 How To,很期待它幫助到有緣拿起這本書的你!

——知名作家暨正向心理學家 劉軒

作者序
你的成就，取決於你多愛這個世界

　　2012 年冬天，上海外圍一個工廠園區，我在路邊為了麻辣燙要不要多點一份兩塊錢人民幣的豬肉而糾結著，後面排隊的人不耐煩地發出嘖嘖聲音。最後我還是沒買，請老闆多一點湯給我。

　　我也不知道自己哪裡做錯，很努力讀書、也盡力擠破頭進到大公司、拚命加班外派、收入也不算低，但光是家裡的債務、父親的醫療費用讓我入不敷出。當時總是想著「我要的不多，只是希望一家幸福平安、錢夠用就好，家人健健康康，為什麼老天這麼不公平，要讓我過得這麼辛苦？」

　　離鄉背井、加班加點、拋家棄子，錢總是不夠用。好不容易捱過這個月，下個月又要擔心一樣的事；好不容易工作穩定下來，想算一下什麼時候能退休，卻發現省吃儉用一整年下來也存不到什麼錢……

每次看完雞湯文，總覺得可能未來哪天情況就會突然好轉了吧，但到了要繳錢那天發現帳戶餘額不夠時，這些樂觀就又被摧毀得煙消雲散。我真的有機會過上心目中理想的人生嗎？

如果你曾經有過類似的心情、體驗過類似的絕望卻又不甘心就此放棄，我相信，是這本書找到了你；而你要做的，不是把這本書當作翻轉人生的樂透彩券，而是當成開啟自我實現、致富旅程的通關鑰匙。接下來還有很多路要走，但比起過往的日復一日、看不到希望，現在你有了絕對的理由告訴自己：只要按步就班，一切就都會越來越好，直到你實現心目中的理想生活、直到你能用你的成就幫助、影響更多人。

從一無所有甚至債台高築到財務自由的故事很多，我為所有完成這趟旅程的人感到開心。只是，在自己親身經歷、一路走來後，我發現這些歷程的最大意義不在於改變了自己的環境，而是能有機會激勵其他深陷困境的人，甚至為他人指引道路。

但成功失敗的故事經驗都太多，如果不能產生實質的改變與成果，那麼分享再多、學習再多都沒用。所以更重要的是如何找到最根本、最底層、最能複製以及最能根據不同情況調整的系統方法，來讓更多人也能有跡可循、少走彎

路，完成心目中理想生活的打造。

　　這也是我一路以來堅持不斷鑽研、不斷驗證的重心，最後藉由古人的智慧，用五個核心要素來確保所有的方法論、知識體系都能實際產生結果。

　　道──明確願景、價值觀

　　術──學習知識與方法

　　器──善用工具來加快學習速度與產生結果

　　用──實際行動、並開始迭代

　　勢──善用社群環境力量讓「持續進步」變得簡單以及觀察主流趨勢，抓住機會順風而上。

　　對於我以及所有曾經有幸帶領的學員、夥伴們的成功，這些要素缺一不可；我也鼓勵每位讀者用此檢視自己在任何一個領域學習上的整體成效是否有所欠缺。例如學習英文，「道」可能是為了考試或是為了能與外國人流暢溝通、或上台演講。那麼「術」就有所不同了，準備考試、熟讀演講稿、看電影復讀學口語等，都是為了不同的道而設計。「器」的層面就來到了，如果是為了準備用英文流暢溝通，以前是看電影自己抓重點句子、猜意思、查詢單字或諺語的用法，甚至還要錄音聽自己發音是否正確，但現在可能有一

個 App 就全部搞定，還能設定英國腔、美國腔，大大提升效率與正確性。

「用」則是實際使用、運用的場景，例如去酒吧、進教室或出國自助旅行去溝通，就能進一步訓練自己的反應、應對能力，也可以學到很多方法論裡不能涵蓋的隱性知識。最後則是「勢」，在英語母語人群中，比在全部講中文的環境裡，進步一定比較自然且顯著；因為在中文環境硬是講英文，阻力反而更大、還要另外找時間練習以及沒人能告訴你對錯；如果剛好近期有個語言交換的計畫，你也可以大膽報名參加，再推自己一把。

這在任何領域都能有類似的應用，也包含了個人財務數字的增長，以及人生財富的打造。我希望藉由此書，在「道術器用勢」五大要素都提供最全面的支持，有了這些方法、工具、資源、社群，相信能就此開啟你個人財務增長的大門，更能在「財務自由」之前，先獲得「人生財富」的自由，也讓更多人獲得跟你一樣的幸運。

最後別忘了，你的成就，取決於你多愛這個世界。

你很快就能過上屬於你自己的理想生活，成為自己的富一代，我深信不移。

Will 黃士豪

第 1 章

人為什麼窮？

很多人剛出社會時都背著學貸，幾十萬的學貸常給人輸在起跑點的感覺，我也不例外，只是比別人更多了些——我家背了大概近三千萬的負債。

每次講起這段經歷的時候，很多人會直接腦補：「Will，你是拚命工作、努力省吃儉用，才把債務還掉、恢復自由嗎？」呃！誤會大了。其實我是因為中樂透⋯⋯開玩笑的，要真中樂透的話，就不用寫這本書了。

但我確實是因為這筆負債，歷練了「達成目標」的能力，也為我接下來更大的目標儲備膽量及自信。我不斷釐清自己要的是什麼、寫下來，開始投入心力，不斷拆解目標、不斷前進，專注地努力，直到達成現在的狀態。

從困乏的起點
脫胎換骨

當一個人知道自己為什麼而活，
他就能忍受任何一種生活。
　　　——尼采

⑤ 被討債噴漆砸窗戶的童年

我永遠記得小時候的某一天，媽媽晚上七點多出發去紡織廠上大夜班，只剩小學五年級的姊姊、三年級的我，與一年級的弟弟在家準備睡覺。熄燈、躺平後沒多久，外面開始有機車的閃爍燈與轟鳴聲。緊接而來的是「啪啦」的聲音，窗戶被砸破、「欠錢不還」、髒話叫囂聲夾雜著刺鼻的噴漆味道傳進來。

我與弟弟驚嚇之餘，被姊姊搗住嘴巴：「麥出聲，被聽到明天就看不到媽媽了。」

那是全台沉迷「六合彩」的年代，爸爸在輸掉從高利貸借來的錢之後，我的童年印象就是不斷搬家。父親到處打零工、有一餐沒一餐地躲債、最多做到養活他自己。媽媽則一肩扛起家計，想辦法讓我們受正常教育，同時也一邊帶著三個孩子到處搬家，一邊應付偶爾醉醺醺回家的爸爸。

平常在房間搗住耳朵，是因為不想聽到爸媽吵架、咒罵、吼叫、哭泣及摔門聲。但那晚，則是拚命想忽略屋外難以入耳的三字經，以及令人焦躁不安的引擎催油聲。我們緊閉雙眼，身體止不住地顫抖。分不清是因為驚嚇還是噴漆的

刺激，導致眼淚猛流，就這樣直到沉沉睡去。

　　隔天我聽到媽媽急促開門的聲音，幾乎是破門而入的程度，但在看到我們後又異常地冷靜。她只是別過身，到門口去掃碎玻璃，跟我說：「要好好讀書，以後不要像這樣苦命。」真正的崩潰是悄無聲息的，我看到她拿著碎玻璃進廚房後癱軟蹲在櫃子旁。我們都不敢走進去，因為不知道怎麼安慰，只能心疼媽媽流著安靜的眼淚。

　　正是這樣的時刻，我告訴自己：「只要有錢，這一切屈辱、痛苦都能被解決。」當時也暗自下定決心，要認真讀書、努力賺錢，不要再讓人來噴漆砸窗戶，也不要再讓媽媽偷偷躲起來哭。

　　小學三年級，母親那無力也無聲的背影，深深烙印在我心裡。當年無助的自己，多希望為媽媽做點什麼，所以我無條件接受了「爸媽就是沒讀書才這麼辛苦」、「要翻身就要努力讀書」、「讀書才能出人頭地」的堅定信念，開始用自己為數不多的貧乏天賦，靠著苦讀一路讀到大學。

　　為了再「更有出息」，大三那年我決定申請留學，到世界百大攻讀碩士。當學校申請上了、大四畢業後也如期先去當兵，就等退伍要到英國學校報到時，老天又跟我開了一個玩笑。

⑤ 該出國還是該考公務員

　　一直在工地工作的父親，因為長年喝酒、加上家族的糖尿病基因，在我當兵剩幾個月就要退伍前，惡化到視網膜病變、眼睛即將失明，並且必須開始洗腎。這對還有一堆債務、每個月入不敷出的家裡來說，無疑是個巨大的打擊。

　　因為科系的關係，家人與朋友們，都希望我能放棄留學的規劃，先去考個公務員，一方面待遇還可以，另一方面也能馬上穩定下來。這對當年的我而言，卻像是所有的努力都付之一炬一樣，為什麼一路上比別人付出多這麼多，卻在這種時刻必須放棄？為什麼自己沒有做錯什麼，卻注定為上一代的過錯受罰？

　　在這種「堅持出國就是不孝」、「留下來考公務員則是不爽」的窘境下，我後來選擇用更長遠的眼光來看待這個處境。在「學歷越高、收入越高」的信念下（這是個不完全正確的信念），當時我用下個十年的維度來說服我的家人。

　　我為家人們做了一個簡單的計算：

　　假設公務員起薪 5 萬，第一年年薪 70 萬，十年時間內每年加薪 5,000 元，那麼十年總收入將是 722.5 萬。

　　假設退伍後去留學，第一年留學開銷貸款 100 萬，但接下來用海歸碩士的學歷找工作，應該能有 80 萬年薪起薪，三年內有望達到年薪 100 萬、十年達到年薪 200 萬。這樣十年後的總收入，扣掉第一年的貸款將可以超過 1,000 萬。時間拉得越長，兩者的差距就會越大。

　　這看起來是很有「眼光」的決策，但誰知道未來會發生什麼事呢？我也知道我在畫完大餅後，母親就正好看到一則新聞，說有很多花了幾百萬學費、留學歸國的碩士，正在爭搶垃圾車清潔員的名額。

▪ 十年收入預估比較表 ▪

	第一年	第二年	第三年	第四年	第五年	第六年	第七年	第八年	第九年	第十年	總計
公務員收入	70	70.5	71	71.5	72	72.5	73	73.5	74	74.5	722.5
海歸碩士收入	-100	80	90	100	110	130	150	170	180	200	1,110

（單位為萬）

⑤ 買書錢都沒有，還想留學？

　　我想像中的留學生活充滿了陽光下與各國同學的談笑風生、翻著原文書在樹下邊讀邊聞著草地花香、在歷史悠久的圖書館建築裡感受人文氣息，以及身處其中，那種對於美好未來、光明前景的憧憬嚮往。

　　但這一切在我繳完註冊費、付清位於偏遠地段租屋處的房租後，就完全破滅了。我的就學貸款、獎學金加起來大概台幣 100 萬，註冊費、學費近 80 萬，房租押金加前三個月租金約 15 萬。接下來尷尬了！根據之前網路上看到的攻略，這裡的生活每個月要 2 萬的開銷，我能撐多久？而眼前手上拿到的教科書清單，我肯定也買不起。這種不確定性讓人產生了深深的恐懼，但是——這還沒完。

　　就當我開始思考如何維持生計、腦海裡浮現的盡是餐廳裡油膩的碗盤，以及捲皺的紙鈔小費時，我聽到屋外門鈴響了。門鈴聲越來越急促，卻沒有人應答。我打開房門、走過樓梯、經過巴基斯坦房友門前，來到了陰暗走廊盡頭的大門。打開門，外面是兩位警察。

　　他們看我是華人臉孔，特意放慢說話速度問我，最近

有沒有看到任何舉止奇怪、可疑的人？我一臉疑惑，他們就指了指對街樹林。我看到了幾條似乎是風中飄過來、剛好纏繞在樹枝上的黃黑封鎖線。其實剛到這個地方時我就有注意到，只是沒太在意。

一問之下才知道，那裡發生了命案！幾天前有一位婦人被棄屍在林裡的小溪邊。我突然有種暈眩的感覺⋯⋯連忙跟警察應答後，還順便問了一下，住在這裡有沒有什麼特別要注意的？警察說就盡量別太晚獨自一個人在外面就好。

門關上後，我回到房間，本來就陰冷的天氣，感覺溫度更刺骨了。可悲的是，此時我連想開個暖氣，都因為擔心付不起暖氣費而作罷。

我開始告訴自己：「這個地方不安全，別說拿什麼學位了，能活著度過這一年都要偷笑了！」、「你連買書的錢都沒有，還讀什麼書、怎麼上課？」、「考個公務員、找個穩定的工作不是很好嗎？」、「踏踏實實跟家人在一起、好好找份工作、至少三餐溫飽、家人都在身邊，想這麼多幹麼？」彷彿就在那短短一瞬間，當時堅持的所有理由都不算數了，而放棄這個留學夢、回家，也成了一個無比合理，既符合邏輯又理性的決定。

⑤ 我該怎麼做才能達到目標？

　　就在準備打退堂鼓時，一件幸運的事發生了。我拿起筆準備記錄剛才發生的事，正想寫下我的決策依據時，我腦海裡浮現的第一個問題是：**你來英國的目的是什麼？**

　　回答這個問題時，我的思緒自然而然回到當初對留學充滿期待的時刻，也想起相信這個決定能改變家族命運的決心。這個問題，改變了我接下來的軌跡，乃至連帶影響我的一生。我在隨手拿到的紙上，寫下五個目標：

　　① 順利畢業、拿到文憑
　　② 英文變得更好
　　③ 結交當地好朋友
　　④ 當背包客玩五個國家
　　⑤ 找到年薪百萬以上的工作

　　就在寫完這五個目標後，剛剛所有的不安、焦慮、恐懼與退縮，瞬間被另外一個想法驅逐，並且完全取代——如果我要達到這些目標，我現在可以怎麼做？

　　我發現了我們不是因為一件事情簡單才做，而是因為那件事有意義才投入。內在的注意力才是真正的主宰，當我能讓注意力集中到我真正想完成事情上時，恐懼、不安、焦慮這一切都將瞬間靜止，讓我專注到最重要的事物上，創造出我真正在乎的成果。這一切無關乎當下自己有沒有錢、壓力大不大、是不是有足夠條件，唯一有關且具備決定性的要素，僅僅是我自己以及我打算怎麼做。

　　於是我開始針對這五個目標進行拆解，描述可能遭遇到的困難，以及思考如何克服。

① 順利畢業、拿到文憑 ▶ 幫別人讀書等於幫自己讀書

　　為了生存，我去教游泳、去印度捲餅店打工，每週開銷控制在 15 英鎊、週五到 Sainsbury 超市購買即期火腿片、生菜、吐司，每週自己做四十個三明治當早、午、晚餐加宵夜，吃到胃脹氣……再吃到胃適應了不再脹氣。

　　沒錢買書的問題，本來想到圖書館借書就好，但在查了圖書館藏書後，發現那些書已經「全部」被預約、被借走！於是我去找來自對岸的同學，他們不去上課的時候，我就去幫忙點名、畫重點、做報告。

　　後來，在期中、期末考前一週的 Reading week 時，他

們甚至邀請我去他們住處，屋裡有充足的暖氣、漂亮海景、隨時可以點的外送，白天我讀書、晚上幫他們複習。

② 英文變得更好 ▶ 寧可被酸也要練

好不容易到國外讀書，我最希望藉由這樣的環境，讓自己的英文有更多除了教科書、課堂以外的進步。

為了鍛鍊英文，我跟自己約定三個月時間，無論什麼時候、碰到任何事，都要講英文，即便是自己一個人在浴室洗澡時，熱水突然變冷水、發現蓮蓬頭上有蛞蝓，也要用英文罵髒話。遇到台灣、對岸同伴過來用中文攀談，我照樣用彆腳的英文回答，就算講不清楚也硬是亂湊。當時華人的圈子對我指指點點，說我「媚洋崇外」、「不懂裝懂」、「臉皮厚」……這些我一開始很在意，但後來也不再重要，因為我有更緊急的事需要解決。

③ 結交當地好朋友 ▶ 啤酒錢不能省

除了強迫自己說英文外，也要想辦法跟當地人對話，才能學到更多。我發現外國同學們只有在酒吧裡才最放鬆、講最多話，為此我開始從自己每週 15 鎊的生活費裡，撥出 1.5 鎊，在週五下午五點半、到學校酒吧裡點一杯最便宜的啤酒，就這樣端著，一桌一桌去湊熱鬧。

一開始聽不太懂，人家笑、我也跟著笑，總到了有人突然 cue 我、問我是誰時，我才尷尬離席。不過慢慢地，我發現大家並不在意，也開始能自在地介紹自己。一方面多了更多對話機會，另一方面也開始真的有一些能深交的朋友。

④ 當背包客玩五個國家 ▶ 流落街頭也沒什麼

我在英國時發現，交通可以很貴，也可以很便宜。有個 lastminute.com 的網站就可以讓人找到甚至只要 1 英鎊，就能從倫敦飛到西班牙的機票。

在將近一年的省吃儉用、努力打工之下，我有大概 100 英鎊的預算，加上前女友（如今的老婆大人）特地飛來英國、贊助我 200 歐元，我心裡設想約有兩週時間，可去看看荷蘭、比利時、法國的幾個城市。

去程我搭的是廉價航空、回程搭的是巴士，巴士會上船跨過英吉利海峽，回到英國本島。旅程中也是用夜間巴士來滿足便宜移動、同時節住宿費的需求。然而，在比利時的某個晚上，發生了一件讓我終生難忘的體驗。

因為當晚巴士是凌晨兩點，在一個輕軌能到，但是相對偏遠的地方。而最晚的輕軌班車得在晚上十點，從我的所在地出發。就在我搭上最後一班輕軌，到達巴士接駁站的時候，我開始有些慌了。

因為那是個下車後，馬上伸手不見五指的地方。可能是當天那裡的燈壞了，但在我眼睛慢慢適應，大概能看到一些東西時，我才發現那真的是荒郊野外！正面是有些起伏的草原，背後是有點距離，還能看到天空的一片樹林。

這不像是一個巴士接駁的地方，但既來之則安之，我就隨地而坐，反正現在最後一班車已經開走了，我也沒什麼能做的，就等天亮再說吧！想著想著就拿起我的 Nokia 手機，用微弱的光照著列印出來的行程單、確認交通信息。就在這個時候，身後突然傳來一種不知道是虎、獅子，還是熊的低鳴聲，那是巨型動物才有的共鳴腔式低吼！那瞬間，我完全沒辦法冷靜了。

當下我的腦海裡並不是一片空白，反而像是有兩條支線般地高速運轉。一邊是人生跑馬燈，我甚至能看到自己小

時候第一次到廟口打籃球的開心模樣；另一邊則是開始思考，那是什麼聲音？感覺熊的機率比較大？如果我被吃掉，是不是要留一下我家人的地址？最好還要留下遺言讓他們知道我愛他們？等等！以前是不是學過，裝死的話熊就沒興趣了？想到這裡，我馬上躺下裝死，過了不知道多久，聲音也沒再出現，我扛不住睏意，就慢慢睡去了。

　　兩點時，巴士柴油引擎的聲音，和暗夜裡格外刺眼的頭燈叫醒了我。我懷著「這條命是撿回來」的興奮與平靜，上了巴士、繼續睡。

　　我的背包客旅程最後一站是巴黎，原本就聽很多人說，去塞納河畔看看就好了，而且那邊還有些髒。所以當時沒打算多做停留，待一天就走。

　　但在我拿出車票看的時候，差點要暈倒。不知道自己怎麼算的，我的車程居然是三天後，不是今晚。這時我手上只剩幾塊歐元，這三天要怎麼過？

　　在我有限的知識裡，能想到的最便宜的法國食物，就是法國麵包了。於是我帶著這幾塊歐元，一家一家的詢問烘焙坊：還有沒有 baguette、能不能便宜賣給我？後來遇到一位好心的大嬸，願意賣給我一條。

　　我把法國麵包折成三等分，一天一份，水就喝水龍頭

生飲水。第一天的法國麵包外脆內嫩有嚼勁；到了第三天，已經硬得像在啃菜瓜布，不過還是很好吃啦！

　　吃的解決了，下一步是住的問題。我發現下午三點的塞納河畔，有好多人拿著野餐墊，一群一群地坐下來聊天、喝下午茶。我一邊觀察、羨慕，一邊看看哪些地方能睡覺。後來運氣很好，找到一個還算隱蔽的地方，既看得到河邊建築美景，也不算太髒。我找了報紙、廣告單，墊著坐下來。後來發現一個技巧，如果我在還有人巡邏時躺下，很容易被驅趕。但如果只是坐著，就會被當成是在欣賞風景的遊客，被叮嚀一下注意安全就沒事了，反而能坐得心安理得。

　　後來在整理這段經歷時，我發現那可能是我最窮困的時刻，卻也是我最平靜、體驗到最多美好的時刻。一直以來，人們對錢的關注總是太多，對時間乃至生命本身的關注卻太少。

　　等巴士的經歷，讓我意識到，我們隨時都是命懸一線，不是只有那些做著危險事情的人而已，因為我們根本不知道下一秒會發生什麼事。在塞納河畔席地而睡的那三天，我也發現「與擁有公園綠茵、河畔美景、文化底蘊的歷史古蹟為鄰」，這些聽起來能讓建商每坪報價多加一個零的條件，其實 2 歐元就有了。

⑤ 找到年薪百萬的工作 ▶ 求職當然要有計畫

　　因為我經常協助來自對岸的同學們準備考試、寫作業，所以在他們的父母來英國看孩子時，也就常被以「感謝」之名，受邀參加一些有長輩在的聚餐。在這些同學的極力推薦下，也順利拿到很多工作的邀約。雖然我一開始並不是想藉由這種方式得到工作機會，但也正因為如此，讓我有了面對職場的信心。

　　回到台灣後，我在一個月內針對三十多份工作的要求，找到一些共同點，進而針對這些共同點寫了模組化的個人履歷。之後再排列組合、發出三十多份有針對性的履歷。後來面試了十一家公司、如願進到大公司、外派到上海當儲備幹部。之後在第一年，我就達到了預設的收入目標。

從負開始的
財務規劃

逼死英雄好漢的不是負債總額，
而是每個月的入不敷出。

⑤ 錢的事情就這四要素

　　聽起來是否覺得情勢一片大好呢？但事實上，我畢業就等於負債。在將近三千萬的負債面前，這些看似激勵人心的時刻，都顯得黯淡無光。

　　壓垮一個人、一個家庭，甚至一個企業的，從來不是負債總額的大小，而是要還錢、用錢的那個當下，沒有錢能夠支付。當時知道負債近三千萬時，腦裡的第一個想法是，我現在這麼拚命，也就年薪一百萬，不吃不喝也要三十年才能還完。這樣我的一輩子不是毀掉了嗎？

　　在這樣的情況下，如果任何沒有具體方法、作為、行動方向，只是安慰我：「哎呀，以後薪水應該會漲啦，應該不用這麼久」、「只要足夠努力，就一定可以還完」，就只是毒雞湯。錢的事，我也希望用錢的角度來理解、解決。

　　雖然家人一直認為錢的事很複雜、很混亂、扯不清，但財務其實很簡單粗暴，**收入、支出、資產、負債**，四個基本要素就構成個人、家庭「關於錢的所有事情」。

　　所以需要盤點的，是**家裡的收入結構、支出、有什麼資產**，以及最讓人絕望的：負債到底都有些什麼，也就是**負**

債的結構。

因為是以「家」為主體，所以收入有母親的收入、我跟姊姊給家裡的錢。支出則有家庭開銷，以及讓父母親受盡屈辱的每月債務。資產則是能被變賣、典當的，早早就被典當完了……而負債在盤點後，主要來自銀行、親友，和地下錢莊。

整理好之後，下一步怎麼做？首先要辨識的是，逼死英雄好漢的，不是負債總額，而是每個月的入不敷出。所以首要任務就是，讓每個月的收入能足夠涵蓋支出，甚至要盈餘轉正。那麼要做的就能收斂到：**如何增加收入**，或是**如何降低支出**了。

當時的情況，因為一直是拆東牆、補西牆，每個月的支出浮動很大，所以先與家人花了一些時間，釐清了家裡具體開銷，以及還債的額度等。我發現每個月要還的債務總額實在太大，就算每個家人都勒緊褲帶，所有收入也沒有辦法短時間 cover 掉債務。那麼此時此刻的解決方法就非常清晰了——我得降低債務開支。

⑤ 還債也有技術

　　在還債的歷程裡，我體悟到一件非常重要的事，那也是來自德國的企業家、作家，博多・薛弗（《小狗錢錢》作者）所提出的：**別因為還債，而讓自己一毛不剩**。這樣會在債還完時，很容易又陷入下個負債。

　　或許是環境、文化的關係，在台灣，只要是有債務的人，都很希望能盡快把負債還完，感覺無債就一身輕。但卻忘了，如果用十年的時間，承受這些來自債務、工作、生活的高壓，不斷逼迫自己努力去還債，那麼其實極有可能，在十年後，負債是還完了，身體也出狀況了，或是還需要額外的費用。偏偏這時身上已經沒錢，所以只好再去借貸來度過難關。

　　這個觀念被涵蓋到我自己的還債規劃中，而準則就是，**還債占用的額度，不能超過每個月家庭盈餘的 50%**。也就是，假設每個月賺 10 萬、日常開銷 3 萬，那麼剩下的 7 萬，我要儲蓄 3.5 萬、3.5 萬還債。

　　很多人會覺得這樣很自私。但用更長遠的眼光來看，這其實才是真正的負責任。

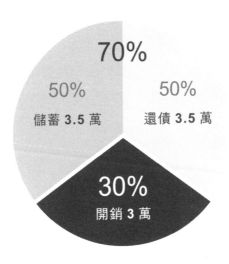

· 還債的比例 ·

70%

50%
儲蓄 3.5 萬

50%
還債 3.5 萬

30%
開銷 3 萬

圖示以 10 萬元收入為例

　　首先，每個月拚命工作加上省吃儉用，如果好不容易剩下一點錢，卻全部還債的話，這種努力半天、卻一點餘裕也沒有的無力感，最終會吞噬一個人，讓他更難積極面對人生。這當然也包含工作，很難要求這種人要不斷充實自己、讓自己有所成長、獲得突破性的發展。

　　二來，假以時日，當自己逐漸開始有積蓄，那麼要從銀行貸到更低利率的款項或是準備投資，都能更好、更快地達到節省支出、額外增加收入的機會。這也會讓還債之路本

身產生複利效應，越還越輕鬆。

　　所以這樣的做法，其實能讓債主有更高機率收回所有欠款。

⑤ 跟高利貸交手讓我差點剁手！

　　而當時我面臨的另一個重大問題是，高利貸的利滾利，會讓還款的速度遠遠趕不上負債增加的速度。這也讓我下定決心，決定採取現在回想起來都有點腿軟的「激進解決方案」。

　　那時，我請母親列出幾家高利貸錢莊，讓我一家一家去談，先談利息，再來談還款額度。

　　進到第一家錢莊，母親馬上被我的舉動嚇到了。我說我有要事，需要跟可以做決定的人面談。很快，我們就進到較深處的房間——有很大的關公像、泡茶的茶盤，還有木製、沉重的老闆桌，鋪著透明玻璃墊，可以看到下面壓著滿滿的名片，桌上還有一尊彌勒佛。

　　我的第一句話是「大仔（老大），我知道我們家有欠錢，但是現在真的扛不過了，今天想來跟您商量一下。」

　　他們拿出欠條，確認金額以及還款多久了。過了一段時間後，他問：「那你要怎麼處理？」

　　我說：「說實在，我們也還了很多錢，接下來看能不能利息不要再算，每個月我固定五千塊，慢慢還啦！啊如果

不行，我就左手留下來、一筆勾銷！因為我沒辦法工作、你也拿不到錢了。」

　　說著我就從包包裡，拿出家裡的水果刀，放在他的大桌子上。旁邊的兄弟們馬上警覺、有些要圍上來的態勢，老實說，我自己都快尿出來了，我想我媽也嚇到了……

　　但對方老大卻一直都很冷靜、有點玩味的微笑表情，就這樣空氣凝結了幾秒。他才說：「你這個年輕人，孝順、有膽識，好，一句話，算阿兄挺你啦！」

　　我趕忙道謝，請他們重新修改借條內容，收回我的水果刀，跟媽媽離開現場。

　　回家的路上，媽媽用有些責備的語氣罵了我，一直說如果剛剛人家真的要剁手怎麼辦？我怎麼都沒在想？讀這麼多書還這麼莽撞！但我注意到她的眼睛有些紅紅的，那大概是為兒子驕傲，同時也感到心疼的心情吧？

　　我只說：「妳不要烏鴉嘴啦，都處理了還一直唸！有啦有啦我都想過了，後面還有幾家要談咧！」

　　就這樣，隨後的幾天陸續過關斬將，就剩最後一家。我來了三次才遇見對方，駕輕就熟地準備故技重施。唯一不同的是，這次踢到鐵板了！每每想起這一段回憶，我就會摸摸我的左手，慶幸它還在。

　　這一次在我說完每個月固定還五千、利息不要算，不然就左手留下來時，我還沒把水果刀拿出來，對方直接震怒道：「每個月五千，還不要利息，是把恁爸當乞丐膩？」

　　聽到這邊，我剛剛的自信跟氣勢馬上飛到九霄雲外，馬上懇求說：「大仔，不然八千可不可以？再多我們真的拿不出來啦！啊如果我左手留在這邊，頭路也難找！可能每個月連兩百都拿不出來。」

　　這時有另一位似乎是較為資深的幹部上前跟他聊了一下，氣氛才慢慢緩和下來。後來雖然沒有把利息拿掉，每個月八千也只能勉強還到利息而已，但跟原本比起來已降低了不少。至少第一階段任務最艱難的部分達成了——原本每個月幾十萬的「標準額度」、還了也不知道什麼時候才是盡頭的無底洞，現在降到每個月只要還五萬元左右。雖然對剛出社會的新鮮人而言還是很多，但是比起原本的不斷下墜，現在總算能踏實地觸底，能夠有信心慢慢反彈了。

　　接下來就是銀行債務協商、親友的誠懇對談。逐步將每個月的支出控制在收入能承受的範圍。

⑤ 打掉爛債人生，從這裡翻身

　　負債分三類，好負債、壞負債、爛負債，我的最後一筆高利貸是爛負債，所以理智決定就是我用個人的名義，先拿到信貸去還掉，來降低傷害。當時銀行的信貸利率 3 ～ 5%，高利貸則是動輒 2 分（20%）以上，甚至二十天 2 分的都有。

　　我先用個人的信貸、再結合姊姊的錢，一起用低利負債還掉這筆爛債。而每個月要還銀行的，也降到了本來預計的目標：五千元。

　　人生就是這樣，當我從自己可能被遣返回國的絕望時刻，歪打正著地寫下目標，一步一步實現之後，我開始慢慢相信一件事：如果我寫下來的目標是還清三千萬，只要我一樣，一步一步努力、找到方法、徹底執行，那麼我的人生就還有機會。

　　雖然負債數目驚人，但是我實際上要面對的，就是每個月的還貸額度而已。而且我還有盈餘來投入自我的成長、學習，以及接下來開始接觸的投資。後續六年多的時間，我不只清理掉大多數的爛負債，並且開始擁有具有生產性的槓

桿。更重要的是,過程並不像我的童年那樣需要躲躲藏藏,或是每天愁雲慘霧。我也有更多空間把握更多機會,不會因為被債務綁住、只能死守眼前的工作而不敢跨出去。到了2018 年時,我的總資產已經大於總負債,還在母親的故鄉實現她一輩子的心願:擁有自己的房子!

　　無論是從負債到還清、還是從零開始到第一桶金、從第一桶金到千萬、億萬身價……背後的基本原理都是相通的,這也是本書將帶給所有讀者的。

　　期許大家都能從現在開始,打造屬於自己的財務增長體系,為自己的理想人生服務。

對錢的誤解

在財務領域，
開銷低於收入、把收支的差額存起來、保持耐心，
知道這三件事，大概就知道
如何做好財務管理所需的九成工作。
──《一如既往：不變的人性法則與致富心態》

Ⓢ 你先是內心窮，然後真的窮

從小，我就知道自己在一個欠別人很多錢的家庭裡長大，因為跑路、搬家是我畢業前的重要組成，也因此自幼我就下定決心，不管有多辛苦，都要聽媽媽的話：「用讀書改變命運。」

儘管現在看起來，種種實際現象表明，**讀書跟富裕其實沒有絕對關係**。但對於當年的我來說，那確實是唯一的浮木，只有不斷抱著這個信念，我才有機會看到新的可能，即便它可能是錯的。

一路走到現在，很多人可能看到我翻轉了財務、家庭、事業、健康、社交等領域的狀態。但實際上回顧這一切，所有的改變都源自於更底層的顛覆：來自查理・蒙格的這句話「**如果我知道我會在哪裡死去，那麼我永遠不會去那個地方**」，對我來說，是當頭棒喝般的醒悟。

他說的話當然只是比喻而已，畢竟沒有人知道自己會在哪裡死去。但如果我們把死去置換成各種我們不想發生的事件，例如夫妻失和、孩子長大不理自己、失業、破產、窮

困、失去健康等，那麼避開的方法便理所當然，就是「**不要**」**朝著這些地方走去**。

如果說，所有在人生與財富上獲得成功的人，可能都是做了某些事，或有了某些運氣；那麼我們也可以相信，所有為錢所困的人，例如當年的我，大概也是做了某些讓自己越來越窮困的事，而導致窮困的結果。要改變這個結果，絕對不是靠一、兩次樂透就能搞定。因為即便我們有金山、銀山，假設我們的行為依舊是朝著窮困的方向，那麼這些財富也只是讓這條路走得長一點，也讓到時候失去財富時的窮困顯得更加殘忍而已。

窮困的心態、行為、決定，不只存在於沒錢的人身上，還存在於所有內心窮困的人身上。月入三十萬的人，幸福程度可能與月入三萬的人相差無幾。無論收入多高、資產多雄厚，這種人都注定不能過上理想中的生活。殘忍的是，絕大多數的人仍認為，只要擁有足夠多的錢，就能打造理想生活。

剛出社會、身背巨債的我，也曾希望好好體驗所謂的Friday night、用一點閒錢去休閒娛樂。但比起這些，我知道我更不想終其一生背著債務壓力，過著拚命努力，卻始終不見好轉的生活。更不想因為自己的財務壓力，讓自己成為整

天抱怨父母、讓身邊的人都被連累的「受害者人生」。我還
希望，不只自己能過上不再為錢擔心的生活，也能讓更多人
過上心中的理想生活。

　　即便什麼都不會、即便不知道從何開始，只要能先辨
別出哪些行為會讓自己走向窮困，並且不再延續那些舊有的
觀念、行為、決定，那麼我們就有機會看到不一樣的風景！
而那有可能就是我們希望去的地方。

⑤ 為什麼窮困得很穩定？

2019 年諾貝爾經濟學獎研究的主題「貧窮的本質」，探究了為什麼人會貧窮。很多人發現了一些普世現象與智慧——**造成貧窮，不全然是外在資源的稀缺，更來自於我們的信念與認知，致使窮困的人越來越窮、忙碌的人容易越來越忙。**

我們可以看到很多出生窮苦的孩子，在長大之後擁有了一番事業，但更多的窮人卻繼承了上一代的貧困，並分毫不差地再傳承給下一代。當一個人缺乏某些認知時，即便提供足夠的資源，甚至中樂透，他們也會在一定時間內，回到原本的生活狀態。

當我們全身上下充滿「困乏」的觀念、思維、習慣，即使找到高薪的工作、住豪宅、開名車，甚至努力打拚、勤儉持家，最終還是達不到理想中的水準，而且還會回歸系統的水準——窮困得很穩定。

即便經濟學家探討的窮困環境屬於極端情況，但他們觀察到的底層人性，卻是跨階層的。例如在人均收入不到 1 美元的印度農村，連飯都吃不飽的情況下，居民仍會為了一

場婚宴借貸鉅資，好準備一身行頭。而之前在台灣社會備受熱議的 YouTube 影片《山道猴子的一生》，主角在早已入不敷出、連卡債利息都繳不出來的狀態下，居然還要買重型機車，滿足「別人覺得他很帥」的想像，這個故事也可以看到與印度婚禮相同的影子。

　　日常生活更不用說，各種社交媒體平台充斥著消費主義，每個人都想盡方法要展現自己最光鮮亮麗的一面。這讓群眾追尋著「有錢的假象」，似乎有了錢就應該買精品包、去沙灘度假、坐擁名車豪宅、舉辦奢華派對等。這種崇尚物質的消費觀、有錢就要大手筆消費的主流社會價值觀，也正把多數人推向窮困的地獄深處。

　　說到這裡，你看出來了嗎？所謂的窮困，其實不是來自於賺不到錢、也不是花太多錢，而是來自於我們根本沒想過，**追求有錢這件事，到底是為了什麼？**當我們思慮不夠清晰，我們就會傾向去做「阻力小」的事，而不是真正幫助自己實現富足的事。

　　這裡有一個好消息與一個壞消息。壞消息是，絕大多數人覺得自己賺不到錢的原因，其實都不是真正的原因，所以，即使他們解決了自以為的問題，也還是會窮。而好消息是，正因為普遍認知的窮困理由，不是真正的原因，所以只

要現在開始把事情做對，我們依然能重新打造自己的財富。

　　對於錢的理解，不只是我，絕大多數人都沒有深究過，因為大家在這方面上的想法與行動，主要就是：先別管這麼多，把錢賺夠了再說吧！

　　因為這個底層的認知，我們可以發現，從小沒人告訴我們上學的最終目的是什麼，只會說：「你考試考好了再說」、「考上好學校再說」、「畢業了再說」、「升職加薪了再說」、「年終發了再說」、「買房買車了再說」、「結婚以後再說」、「生了小孩再說」，最後一路到「退休了再打算」……那就真的下輩子再說吧！

⑤ 賺錢的目的只為了花錢？

　　錢不是越多越快樂，錢只能解決「因為沒有錢造成的不快樂」而已。快樂與痛苦是兩回事，沒有痛苦不代表快樂，只是沒有痛苦而已。我們往往只有在痛苦解決之後，才有機會去思考，什麼才能帶來真正的幸福與快樂。而絕大多數人，終其一生都在與痛苦纏鬥，卻希望獲得快樂。

　　以前我喜歡打籃球，尤其是看完灌籃高手的連載，就會有「想要趕快長高長大，以後也要灌籃」的衝動。這種熱情持續到我國中、高中，直到進入球隊。每次練球，滿腦子都是對未來的各種美好想像：打敗強敵、讓暗戀的女生看到我的致勝三分球等。直到有一次跳躍落地時，我踩到別人的腳，不只「翻船」，還造成骨裂。

　　接下來的好幾個星期，我行動不便，無時無刻感覺到腳踝的腫脹疼痛。馳騁賽場的各種美好想像，被我拋諸腦後。當下的所有心願，都是希望腳能快點好起來，其他一切以後再說，能正常走路、跑跳才是最重要的。

　　這正好可以用來比喻我們從小到大被灌輸的，關於錢的所有觀念，我稱之為「困乏者思維」。對於錢的追求動

力，來自於對錢的困乏；對缺錢的恐懼，就像受傷的腳踝，因為感到疼痛，所以綁手綁腳。我們可以看到許多人即便擁有了一定的財富，腦海裡想的依舊是該怎麼多賺一點錢，以免哪天缺錢、無法安心退休，而不是為了實現遠大的抱負或夢想。

更別說那些可能因為缺錢，生活過得相對拮据的人，表面上是因為錢不夠用，使人們覺得要優先解決錢的問題。但追根究柢，只要心裡始終擔心著錢不夠、只想再賺到更多錢，那麼就永遠達不到所謂的「財務自由」。這種心態，就像是受了傷、卻一直好不起來的腳踝，所有的期望都只是希望腳趕快好起來，而非灌籃的使命與夢想。

大多數人從小到大被灌輸的「困乏者思維」，就像是一直好不起來的受傷腳踝。我們拚命讀書升學、努力工作、加班應酬，如此日復一日，覺得這樣以後就能跟家人過上幸福快樂的日子。實際上，這就像是按時塗藥、努力復健，明明只能讓腳踝康復而已，我們卻認為這麼做就能贏得比賽。

這也產生了很有趣的現象，許多人都想努力賺到更多錢，但他們其實都不是真的想賺錢，而是想花錢。人的腦海裡隨時有數十種花錢的方式、要買的東西，但對於賺錢的方式，通常就只有努力工作，頂多再加個副業或炒股。

　　面對各種商品的推銷、包裝、廣告、代言，我們最常有的感受便是：這個可不能錯過；有了這個我就能 ××；我也想跟他一樣；我需要看起來更帥、更美、更成功；現在沒買以後就虧了……。

　　正是這種來自內心深處的匱乏，不斷提醒著我們缺這個、缺那個，讓我們覺得自己總是需要更多。這也導致了消費主義的盛行，總有方法打動你，總有說法合理化人們對錢的濫用。

　　我們賺著還過得去的薪資，卻錯過真正的財富。以為自己的努力是在創造財富，實際上卻只能維持品質好一點點的生存。這就是為什麼，絕大多數人追求財富的方式，本質上就注定了他們不可能真正獲得財富。

⑤ 有錢人一定比較幸福？

　　很多人的信念是只要有錢，所有問題應該都能解決。我必須承認，有錢的確可以解決很多問題，我也同意「有錢人的快樂，是你想像不到的」。但我必須提醒，有錢人在面對、思考的困擾，也是你想像不到的。永遠別覺得單一面向的改善，就能澈底帶來全方位的幸福美滿，也別覺得有錢以後就不會有煩惱、現在的煩惱都是因為沒錢造成的……這些都是不切實際的期待，容易讓人陷入無限的老鼠迴圈。

　　所以，我們需要認知的第一件事，就是**錢與幸福是兩個相互獨立的要素，沒錢可能會帶來不幸福，但不代表有錢就能幸福**。沒錢帶來的不幸福，也只有在影響到生存的極端狀況才會成立。在這個狀況之外，我可以保證，一定都不只是錢的因素，而錢能改善的空間也極其有限。我們可以用四象限來表達，縱軸的上下是有錢、沒錢，橫軸的左右則是痛苦、幸福。四種狀態分別是大家都希望達到的有錢又幸福Ⓐ、每天自我催眠知足常樂、想辦法讓自己接受的沒錢但幸福Ⓑ、很多人感同身受的沒錢又痛苦Ⓒ，以及這個社會最喜歡看到的有錢但是痛苦Ⓓ。

▪ 錢與幸福的狀態四象限 ▪

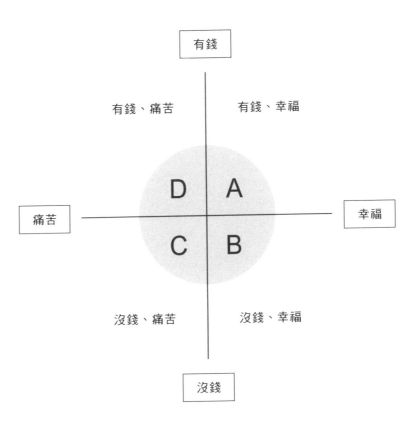

　　畫出這四個狀態是希望大家能夠保持覺察，在接下來的致富道路上，明確自己希望到達的方向。同時也一定要知道，如果希望能達到有錢又幸福，其實 80% 的理想狀態都不需要等到有錢才能做。因此，就算你現在有財務上的壓力，也還是能達到沒錢又幸福的狀態Ⓑ，用真正的理解去獲得這個時期的幸福，而不是單純隱忍、壓抑自己，強迫自己接受沒錢也很好。

　　早期在中國工作，曾經聽過「寧願坐在寶馬（BMW）裡面哭，也不要坐在機車後座笑」，這個我就不評論了。但我想用更極端的方式來了解，自己到底願意用多少代價來獲得金錢：想像一下，現在你得到了能買到所有想買的東西、去世上任何一個地方的財富（甚至可以是聯合國的會議席、任何一位明星的演唱會後台或是搖滾區 VIP）。但是，每天你回到家，家裡只有一大堆畢恭畢敬的傭人，畢竟家人在你奮鬥的過程中已經慢慢疏遠了，而且自己的身體也落下很多病痛。

　　所以，即便你擁有了花不完的錢、海景科技豪宅，與好萊塢明星們當鄰居，也只能讓傭人推著輪椅，帶你到豪宅的後院看日落。如果努力到最後是這樣的畫面，請問你會覺得這一輩子很值得、果然沒有白活嗎？還是突然發現，其實早就應該去珍惜身邊很多理所當然的人事物，才能讓自己的

努力真正達到理想中的生活？

　　說這些並不是要告誡大家：「你已經很幸福了，要珍惜所有，對錢的事情看開一點就好。」而是要每一位讀者從今天開始，知道什麼才是最重要的，什麼是即使有了很多錢以後，也希望能繼續維持保有的。如此，在接下來的致富道路上，才能知道自己的底線是什麼，並且在整個過程當中，收獲比錢還要更豐富、用錢也換不到的人生。

　　你的價值底線當然會包含法律、誠信，其他部分可能是父母的陪伴、配偶親子的相處、健康、摯友，或是其他重要的價值觀。無論如何，請相信，你一定可以堅守自己最重要的價值底線，也獲得心目中的理想生活。

　　從左側痛苦的狀態Ⓒ與Ⓓ，我希望大家能知道一個重要事實，**一個人的痛苦，絕大部分都不是發生在「外在的」有沒有錢，而是「內在的」困乏稀缺。**再重複一次，如果你認為自己因為沒錢而感到痛苦，請相信我，一定有很多是不用錢就能解決的部分。好好跟伴侶及小孩說話、好好吃飯睡覺、好好學習工作、好好制定財務規劃，你一定會發現，就算暫時還沒看到財務狀況的實際改善，也會慢慢走到狀態Ⓑ，並且往狀態Ⓐ的道路上前進。

困乏者的思維

貧窮降低人們認知能力的程度，
甚至比一夜沒睡還嚴重。
這並不是說窮人的認知頻寬比較窄，
而應該說是任何人都會因貧窮而窄化他的認知頻寬。
——《匱乏經濟學》

⑤ 人生沒錢就完蛋？

　　對於錢的誤解、盲目追求，讓我們聽到很多傳頌已久的至理名言：貧賤夫妻百事哀、沒有錢就天崩地裂⋯⋯這正是困乏者心態的首要寫照。但事實真的是這樣嗎？絕對不是。讓這一切發生的不是因為沒錢，而是「沒有錢，我就什麼都沒了」的困乏者認知。

　　小時候不管去到哪裡，其實最常看到的情況是，長輩們因為沒有錢而愁雲慘霧，像是父母吵架、父親借酒澆愁。後來很多人也告訴我，長輩會因為自己混得不好，親戚間就不互相聯絡，感覺沒有錢就會被看不起、沒尊嚴。

　　如果你對這些描述感到熟悉，那我們一樣，都是在困乏思維的環境下長大。你不孤單，但這也不能怪我們的上一代，因為他們也是無條件接收再上一代的觀念、也受著整個社會的主流價值觀所影響。只是我們比較幸運，在資訊發達的現在，有更多管道知道不同的觀點。也正因如此，我希望所有讀者從今天開始，都能為自己負起全責。

　　如果你真心希望能致富，造就狀態Ⓐ的人生，那麼從今天開始，不要再怪罪原生家庭、不要再歸咎自己的學歷、

能力、背景、年紀，不要再重複一樣的行動卻期待有不同結果。對於重複發生的同一件事，只有做出全然不同的理解，才有可能看到不同的學習機會，並採取不同的行動、做出不同的決定、創造不同的結果。

　　接下來的篇幅，我所說的窮人都不是指沒有錢的人，而是有困乏者思維的人。有困乏者思維的人，再有錢都很難滿足、快樂；而有富足思維的人，例如馬斯克，就算是出身貧窮、遭遇危機，我們也知道他們能成就偉業、東山再起。

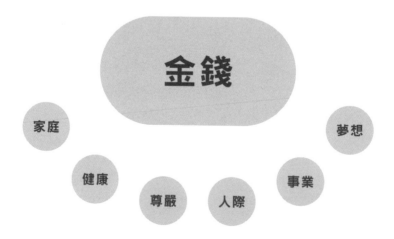

▪ 窮人對錢的認知 ▪

窮人不是沒有錢的人，而是有困乏者思維的人

金錢

家庭　健康　尊嚴　人際　事業　夢想

　　窮人在為錢煩惱的時候，你不會看到他們好好地跟老婆小孩說話，也不會看到他們依舊照顧自己的健康，定期運動、注重飲食與作息。更別要求他們，在工作之餘依舊朝著自己的夢想推進。這不是因為沒錢，是因為腦海裡的困乏者思維讓他覺得：他被「沒錢」毀了，他也沒有「頻寬」去處理其他事情了。

　　當我們陷入這種狀態，千萬不要認為一切等到有錢就能回到正軌。而是**要先讓自己的心態保持正軌，才有機會讓財富重新回到眼前。**

　　但是該怎麼做呢？如同前面章節所說的，假設我們心目中的理想生活除了錢以外，也希望有健康、家庭、夢想、人際關係等，那麼從今天開始，我們就該為這些領域投入時間、精力、資源及努力。

　　換言之，對於富人（這邊開始的篇幅，富人泛指有富足心態的人）而言，無論是錢、家庭、工作、健康等都同樣需要投入，都是生命中的一部分，一切都是為了未來的願景而存在。也因此，富人更清楚知道，不能讓任何一個地方的短暫問題，影響其他領域、造成更大面積的損害。

　　當富人的財富領域有了狀況，第一件事不是拋家棄子、不顧生命危險地跳進去解決，**而是先做好隔離 —— 意**

識到問題存在，但不讓一個問題影響到其他領域。例如即便為錢操心，回到家也要好好跟孩子吃頓飯，好好和伴侶溝通；依舊維持自律的作息，不讓自己的日常生活也跟著亂掉，如此才有餘力應對單一領域的挑戰。他們可能會告訴朋友們，自己最近在處理一些問題，暫時沒辦法碰面……也因此我們總是覺得，那些富人似乎即便發生天文數字的虧損或危機，也總是能解決。

這不是有沒有錢的問題，一來是他們更有能力冷靜沉地著面對現況，而不是天崩地裂；二來則是他們能用其他領域的健全，協助自己解決個別領域的問題。

前幾年有一部《富豪谷底求翻身》的紀錄片，讓我有更深的體悟，極力推薦大家都去欣賞一下。而在這裡我想用一個問題總結：

假設今天比爾‧蓋茲跟你的隨便一位同事被丟到人生地不熟的偏遠小鎮，一切從零開始。你覺得十年後，比爾‧蓋茲跟你同事，誰比較有可能變有錢？

我想，不只是你跟我，說不定連你同事都覺得比爾‧蓋茲更有可能。

▪ 富人對錢的認知 ▪

富人不是指有錢人，而是擁有富足思維的人

金錢

家庭

學習

人生願景

健康

夢想

朋友

Ⓢ 理想生活需要多少錢？

　　除此之外，還有一些顯而易見、卻被大家刻意忽略的「灰犀牛」，充斥在我們每一天的生活中。這正是我們從小到大的教育、主流社會價值觀的有意引導，註定了財務自由只有少數人能達到。領悟了這些，其實就能有極大的機會達到理想的財務狀況，在許多人認為財務自由需要運氣的同時，其實我們都忽略了，需要的不是運氣，**而是勇氣**。

　　絕大多數人都在為了追求理想的生活而努力工作，但每次被問道：「你理想的生活需要多少錢？」大家就沉默了。那到底你的理想生活是什麼樣子？需要多少錢？或許因為答不出來，最好的解答就變成「別想那麼多，先好好工作再說！」這種鴕鳥心態，讓我們在碰到真正重要的議題時，好像先把頭埋進眼前的沙坑，才能感覺到安全。

　　這種大腦的天性，導致了許多人的努力都落在「廉價區域」，為什麼這麼說呢？大腦喜歡明確的東西，不喜歡模糊、未知、不確定。也因此，多數人眼裡的努力就理所當然地變成：做好老闆交代的所有事、盡到職位要求的責任，在這個範圍下拚命工作。

　　然而這些努力，除了能讓我們多拿一點薪水以外，絕大多數都跟我們要的未來無關。否則，我們就得在工作的時候用不同視角切入、學習額外的技能或資源，並且在拿到薪水之後，不僅僅是滿足開銷或存下來，還要善用這些資金，額外做好投資配置。在工作之餘，能知道心目中的理想生活是什麼，照顧好自己的健康、給予家人高品質的陪伴，與摯友保持良好的溝通互動，這些才是產生決定性的努力範疇。但在「好好工作至上」的觀念之下，我們可以看到這些極其重要的事，都被放在排序很後面的地方。

　　在這裡藉由這個契機，我想簡單做個計算，讓所有讀者都能下定決心，開始進行「本質工作」以外的「高品質努力」。

　　提早退休是許多人努力工作的目標，雖然我的字典裡沒有「退休」這兩個字，但是我們就先用這個來計算。先別說退休要天天在沙灘上晒太陽、喝雞尾酒，我們就以目前退休人口的平均開銷，每個月 2 萬元來看。假設我們在三十五年後退休，退休後還有二十年的壽命，通貨膨脹率 3%；那麼退休的時候每個月需要 5 萬 6 千 3 百元才能過上現在 2 萬元的生活品質；而如果我們希望退休之後有多一些其他休閒娛樂、圓夢的空間，每個月希望擁有現在 5 萬元的生活品

質，考慮通膨的因素，二十年後每個月就需要 14 萬左右才
能達到。所以，就算勞保、勞退、退休規劃加在一起有 5 萬
6 千元，頂多也只能滿足現在 2 萬元的生活品質，更別說大
家心目中的理想退休。

$ 儲蓄沒有錯，光靠儲蓄就大錯特錯

　　為此，可能有會人說，所以要好好儲蓄啊！我們一樣用數字來說話，存錢的最高境界無非就是賺多少存多少，不吃不喝零開銷。假設有世外高人能做到這個地步，我們來看看這樣是否就能好好退休。

　　用一樣的假設來看，三十五年後退休、退休後還有二十年的壽命、通貨膨脹率 3%，退休後用最簡單的當今 2 萬元的生活標準當作基礎，如果退休後沒有被動收入，我們需要的總金額將會是：1,940 萬元。如果我們靠著儲蓄累積這筆錢，從現在開始的每年需要儲蓄的金額會是 55 萬元左右，平均每個月 4 萬 6 千元。

　　也就是說，從現在開始要連續三十五年、雷打不動地每個月存下 4 萬 6 千元，才有機會在退休的時候，擁有最基本的生活品質。但也要退休後沒有任何意外、病痛，否則一個不小心、走路跌倒骨折，就可能連醫藥費用都付不起了。

　　更別說是 5 萬元的退休生活，基本上要在退休那一天存到 4,840 萬才能達標。我們可以很確定，退休金沒辦法達到這個數字，而靠儲蓄，相當於從現在開始平均每個月要存

下 11 萬 5 千元、連續三十五年。這對於平均薪資不到 5 萬元的台灣就業環境，我相信是非常嚴苛的要求。更可怕的一點是，要達到這樣的金額，我想以絕大多數人的努力方式去進行，肯定會讓自己到時候需要更多錢來付醫藥費。

在認知到這樣的問題之後，我們可以看到兩種反應，而這也才是有人能過上心目中的理想生活，以及終其一生為了錢煩惱的根本差異。

反應 ①：
天啊！我好像怎麼努力都達不到，唉，那就能做多少算多少吧！過了一段時間，發現即使薪水有在漲、投資可能也有小賺，但距離目標還是差太遠。於是倍感無力、心生無奈，還是今朝有酒今朝醉、把握當下、知足常樂就好了。

反應 ②：
如果現在的方式達不到目標，那麼應該改變現在的方式。如果不知道應該如何改變，那麼就先開始探索、學習。

　　這兩者的根本是信念的差異，第一種反應的底層信念是「我應該做不到吧？」他們最常說的話就是：我能力就到這裡，我就會這些、我成績沒那麼好、我當年選錯科系入錯行、我還沒準備好、等我之後××了再說。這些人即便開始改變，一旦碰到了困難，第一反應就是懷疑自己：唉！我就知道我不行、果然是我太天真了、我以為我是誰啊、果然這不適合我，然後就很難繼續堅持了。

　　最後的結果也如自己所料，越來越辛苦、感覺目標越來越遙不可及，而這又證實了最初的信念——自己果然做不到。所以致富的首要條件，不是擁有高學歷、找到好工作、買到好股票，甚至不用聰明的腦袋，而是「**相信自己一定可以、也值得過上心目中理想的生活**」的信念。

⑤ 好好工作，其他別想太多？

　　既然從薪資、儲蓄的層面說明了限制，我們也可以從另一個角度來探討，為什麼絕大多數人的努力方式不能賺到財富，還會讓自己身陷險境。無論是塞德希爾與愛爾德研究的「稀缺」，或是 2019 年的諾貝爾經濟學獎探究「貧窮的本質」中，都提到一個導致窮人越來越窮的重要因素：**管窺效應**。

　　這原本是一個有利於人類生存的大腦機制，指的是在某些緊急高壓時刻，大腦會強迫我們去關注眼前極少數的事物，來讓自己在最短時間內脫困。例如，在原始人時代，人們遇到野獸時啟動的「戰」或「逃」反應，會讓我們把注意力放在評估眼前有哪些逃跑路徑、有什麼武器，或是有無獵殺野獸的可能性。在這個時候，就算可能受傷、可能遭遇傷害、可能會有犧牲，我們也會不計代價地戰鬥或是逃跑。此時此刻不可能擔心什麼身上的皮毛被老虎抓破、想要順便摘些花花草草回家研究，或是思考應該怎麼刺殺眼前這頭猛獸，才能確保牠的肉可以保有彈性、回去比較好料理……這些都是愚蠢且找死的行為！

　　如果在那種危急時刻，我們的老祖先還是在想後者那些事，那麼我很肯定，這世界上根本不會有我們。換句話說，現在留下來的基因，都是當年那些能在危急時刻，高度集中於眼前的人。

　　但是隨著時代演進，這也成了現代人忙碌、貧困的詛咒——因為我們的心智仍然在不斷探索「危險訊號」，即便在我們的日常生活中已經沒有以前那麼多會危及生命的危險，但大腦不管這些，任何造成壓力、腎上腺素飆升、讓我們焦慮的事情，都會優先掠奪大腦的注意力，讓我們專注於極為短期的未來，設法突破困境。問題是你可以想想這會造成什麼狀況？

　　對一個窮人而言，掠奪他注意力的就是「沒錢的焦慮」，他會想方設法趕快賺到錢，讓自己能度過今天明天、這個月。而當我們已經不再需要擔心生存問題的時候，焦慮範圍就會擴展到：老闆要的報告、這個月的績效、買不了房、買不了車、升職加薪……於是我們拚了命加班、改報告、兼差、熬夜、應酬、吃泡麵。

　　你是否覺得，這沒什麼不合理？——短期內看起來，的確是合理。但長期來說，卻可能因為失去健康而付出更多醫藥費；因為沒有學習導致失去更多發展空間。這也是為何

絕大多數的人似乎已經日復一日地拚盡全力，卻不停原地踏步，甚至深陷泥淖的根本因素。

「好好工作，不要想太多」這句話在上一代可能是合理的建議，因為那時候薪資本身足夠生活、養家、買房、買車，但在現在這個時代非但不夠，連工作本身的穩定性都已經大不如前！

⑤ 你衡量過這個風險嗎？

我們需要用風險的角度重新理解。

對投資人而言，買進一家公司的股票，就相當於持有一家公司的股份，該公司從董事長到前線生產或服務人員的努力，都是在為了自己創造利益。所以無論投資哪間公司，都要先做好研究，包含財務、管理層、護城河、競爭優勢、產業前景等。不管碰到再怎麼頂尖、優秀的公司，就算各項分析都遠超預期，身為一個理性的投資者，也不可能孤注一擲，將所有資金 All-in 在一家公司。

就算不是投資人，相信大家也知道，再好的標的都不能 All-in。但反觀我們從小到大被鼓吹的工作態度呢？

努力讀書、找到一家好公司、有一份優渥的薪水跟有前景的工作？幾乎所有找工作的人對於好公司的定義，都是「公司大不大」、「待遇好不好」，沒有人去分析公司的財務狀況、現金流、債務比例、管理層、競爭優勢、護城河、產業前景，只要拿到 Offer，就一頭栽進去。當工作逐漸穩定時，所謂的上進心表現，就是為了公司付出更多，可以的

話週末也接電話、晚上產線發生問題也隨呼隨到。責任制的
意思就是：公司的事都是你的責任，直到你忘掉照顧自己的
健康跟陪伴家庭，也是你的責任。

　　「我工作就這麼忙，就是要加班，還能怎麼辦？」

　　「我老闆打來了，你們先吃好了不用等我。」

　　「我都忙不過來了，哪有時間學東西、看書啊！」

　　「腳踏實地工作最重要，投資那都是騙人的啦！」

　　每次聽到這些類似的「工作至上」、「我賺錢我大
爺」的態度，就不由得感慨。因為我自己曾經是這樣！這種
自相矛盾而又不自知的愚蠢行為，把自己和身邊的人置於極
大的風險之中，也讓自己的健康、家人多受了很多苦。

　　為什麼這是風險極大而又自相矛盾的態度呢？

　　因為幾乎每一個這樣說的人，他們對於「薪資」的安
全感，根本沒有足以令人信服的理由。其實無論是誰、無論
是什麼公司，只要我們不清楚公司的財務情況、獲利、債
務、現金流等關鍵指標，也不知道公司真正的核心競爭力與
產業動態，我們就不能保證，公司是不是下個月還能持續按
時發薪水。

　　我們有一個學員，本來在某某水產工作，倒閉前一個
月還在努力奮鬥，想要多賺點加班費、下個月領了薪水可以

幫媽媽買生日禮物，一直到領薪水前一天都還很興奮。

　　隔天他到了公司門口發現大門深鎖，店裡面桌椅、魚缸都在，但是大家都說找不到老闆了。這對一個只能靠薪水生活的人來說，是多大的打擊？

　　不只是疫情期間以及 2023 年矽谷的資遣、留職停薪浪潮，還有許多中小企業的無薪假、減時減薪政策，更別說許多惡意倒閉的公司，都讓員工求償無門。至於沒有上市櫃的中小企業，因為公司沒有揭露財報的義務，員工更是無從得知公司的實際餘裕或發展態勢。在這樣的情況下，我們還能說「好好工作就好，其他不要想太多」嗎？

　　當我們眼裡只有工作、一心一意「向前衝」，其他都不管不顧，似乎做任何工作之外的投入都是不忠誠、不盡責、三心二意、不專業的表現時，我們是不是也正在 All-in？

　　更恐怖的是，我們 All-in 的不只是金錢，而是更寶貴的時間、精力、健康、連假才能探望的父母、跟孩子的相處時間，以及你所想要的理想未來，全部都押在這個發你薪水的工作裡。而且，你居然還不知道它的財務狀況、它到底是不是好公司、它下個月有沒有可能發不出薪水？

　　這些覺得自己努力工作、忽略健康和家庭的人，常常覺得自己最辛苦、最腳踏實地。但我可以肯定地說，**所有只**

靠著一份薪水，卻連公司財報都不知道情況的人，跟那些大家樂、六合彩的賭徒，沒有兩樣。

指出這些並非要大家去跟公司討價還價、去當薪水小偷，而是建議你帶著對公司的理解投入工作、用公司可能遭遇的處境去學習。忠於創造公司價值，而非主管的個人喜好；忠於個人的願景發展，而不是盲目地輸誠表態。我相信帶著更多覺察去面對工作，才是讓自己與公司利益都能最大化的努力方向。

停下來思考一下

過去的經驗把我們帶到這裡，是不是也把我們埋葬在這裡：

1. 想賺更多錢？那就更努力工作！

2. 一路 A⁺ 升職加薪到退休，這輩子能賺到多少錢？

3. 什麼是真正的富有？別被消費主義騙了！

4. 這個世界的財富不是努力存錢就好！

5. 適時捨棄安全感，才是人生前進、財富增加的加速器。

6. 別管你會什麼，更重要的是你想要達到什麼。你會的只能決定你的下一步，別讓它綁架你這輩子。

7. 無論上一代給了你什麼，你不必無條件繼承！如何過好你的日子，是你的責任。

8. 錢沒有不見，而是變成你喜歡的樣子。你希望用錢換到什麼？你又用什麼來換錢？

第 2 章

探索夢想與
設定財務目標

沒有人告訴我們過財富要如何定義、怎麼創造？我們只學會找工作、賺薪水。即便學習金融相關知識，也都在幫有錢人打理錢。你有想過，**「如果有錢，你打算怎麼花」**嗎？

這是一道價值百億的問題，因為這個問題將決定你的生活品質，請你花一些時間作答並且定期檢視：**如果你有了花不完的錢，你想買什麼？你想做什麼？接下來的一輩子要怎麼過，才能在生命最後一天覺得沒有白活？**豪宅、名車、環遊世界……這些可能是最先出現的。但請大家再多想想，還想做什麼？重回學校、學習畫畫及音樂鋼琴、跟著 F1 去巡迴看比賽？接下來呢？當一個人沒有嘗試探索、定義自己的人生財富，他就會用別人的定義活著，這樣即便再有成就，也依舊會感到空虛。

你跟錢的關係，
還好嗎？

我一直編故事給自己聽，美化紙醉金迷的生活，
可是時候到了，這些故事終於講不下去了。
——《不消費的一年》

⑤ 沒有錢的痛苦，跟錢沒關係

　　上一章我們對於人為什麼會窮有了認知，下一步就要理解你跟錢的關係。

　　「你跟錢的關係」聽起來很玄，這裡我們實際一點，想像一下你跟父母的關係、朋友的關係、兄弟姐妹的關係，或是跟男女朋友、丈夫妻子的關係，其實也都是一言難盡。而這些關係的建立，來自於每一次的接觸你對他們做了什麼、他們對你做了什麼，以及你的感覺。

　　跟錢的關係也是一樣的，你每次碰到錢，你都做了些什麼？你的感覺如何？想到錢，你的情緒怎麼樣？這就是你跟錢的關係。所有的人都會說，有錢很開心啊！但下一個問題就會是，那你準備對錢做什麼？以及你真實的感受與情緒，又是如何？

　　從之前提到的稀缺與困乏者思維來看，相信絕大多數人即便有了錢，開心也是短暫的。而面對錢，即便是開心，也是由恐懼所驅動。這就註定了你永遠不可能獲得快樂，就像是前章提的腳受傷時，雖然心裡還有成為奧運冠軍的夢想，但是因為敷藥時，腳感覺好一點了，就以為敷藥對贏得

奧運冠軍有幫助，然後不斷敷藥，而不是養傷、復健、恢復訓練。

　　快樂不是來自於錢，但大部分的人都以為錢能帶來快樂，於是不斷捨棄更重要的東西去追求錢。簡而言之，得不到時因為沒有，所以感覺痛苦；得到了又怕失去，還是痛苦──坦白說，沒有錢的痛苦，跟錢一點關係都沒有。

　　這也是在多年以後，我發現在做任何財務規劃、任何理財手段，甚至任何投資決策之前，都會建議每個人應該先做好最根本的功課，否則在接下來追求、創造的一路上，會發現自己要不就是捨近求遠、要不就是顧此失彼。甚至最糟糕的情況是，在終於獲得設定的財務目標時，才發現自己已經失去最珍貴的東西。

⑤ 用系統改善你跟錢的關係

　　所以我們要做的是，打造一個屬於自己的財務系統。在一開始就能藉由這個系統澈底改變自己與錢的關係，不管是你看待錢的視角，以及在你看到金錢、擁有金錢時，能幫助你真正擺脫稀缺的恐懼，也能知道自己如何使用它，並且讓它幫助你創造出最棒的體驗。

　　也就是說：**在打造系統之前，你要先知道系統最終為何服務。讓我很直接地定義何謂人生財富 —— 你的財富是你能體驗多少，而不是你擁有多少。**

　　這個定義對於金錢的創造極其重要，只要理解這點，我們就能擺脫對「有錢」的過度執著、以及對於「窮困」的過度恐懼，讓你跟金錢的關係逐步恢復到健康狀態。

　　什麼是健康的關係狀態？以我自己與女兒的關係為例，對於我的女兒而言，跟爸爸的關係，除了不應該是父女反目成仇、討厭爸爸；也不應該親密到一想到明天上學看不到爸爸，就難過到睡不著覺。健康的關係是在爸爸身邊時，能好好享受爸爸在一起的時光；爸爸不在身邊時，也能因為

知道爸爸支持她，所以能放手去做自己喜歡做的事情，而不是整天捨不得、哭哭啼啼找爸爸。

把這樣的親子關係拿來對比大家跟錢的關係，再想想沒錢的時候，大家都是怎麼樣？焦慮、抱怨、開始廢寢忘食的工作、加班賺錢、覺得沒錢就沒希望了⋯⋯這些是你要的「和錢的關係」嗎？

ⓢ 體驗才是最大的財富

我們常看到一句廣告文案：「錢沒有不見，只是變成你喜歡的樣子。」我想拓展一下這裡的定義，錢不只是買到你想要的東西，也可能是換取你要的服務。無論是哪一種，都是你獲得、使用產品或服務時的體驗。再更進一步，有錢是體驗，沒錢也是一種體驗，甚至負債也是另一種體驗。從這個角度來看，如果一個人一直很有錢，沒有過其他的體驗，相對而言，他的「人生財富」可能不及沒有錢的人，因為他體驗的豐富程度，不及沒有錢的人。

為什麼要用這個角度定義「人生財富」？因為我們都知道，對於這世界上的所有人來說，無論多麼成功、多麼權傾一時、富甲一方，終究逃不過死亡的命運。古今中外，無一倖免。

而在我們嚥下最後一口氣之前，我敢肯定的是，沒有人能夠帶走他在這世上擁有的任何一塊錢、房子或車子。在這種時刻，我也相信沒有人會花時間盤點自己擁有哪些傳統定義上的錢財資產，而是會將最後的時間花在最愛的人身上，或回想自己曾經有過的美好體驗。

　　換句話說，你買了蛋黃區的豪宅不重要，但你會記得自己好不容易賺到錢買下房子的那一刻——那段回憶很重要！你的身分多麼卑微也不重要，你在這段期間體悟到的經驗可能在生命最後一刻，產生比十億身家更高的價值。

　　我們總擔心賺得太少而想著賺越多越好，也擔心花得太多而想著越省越好；但退一步看，你會發現一個確切的事實：**人們賺到的錢其實是可以沒有上限的**，而與此同時，就算我們有很多想做的東西，我們要花的錢再多也有上限（假設願意花時間列出來）。放諸整個世界經濟體，整個世界創造財富的速度，其實大於開銷的速度；而微觀看一個人，他可能在離開世界後，留下的作品、版權、公司、基金還是能繼續賺錢，只是他再也花不到了。簡而言之，你能賺到的錢，一定比你要花的還要多。

　　很多人會不習慣這樣的想法、會想反駁，這我都能理解。但重點不是對還是錯，而是在於，哪種信念才能讓你更接近自己的願景，或幫助你過上更好的生活；讓你可以從心裡不再對沒錢感到恐懼，這不值得一試嗎？

⑤ 打造財務系統的第一步

　　何不先深度思考一下，這些錢，你打算怎麼花呢？因為錢是拿來創造體驗的，所以我們除了努力學習如何賺錢，也要學習如何花錢——**讓花出去的每一塊錢，創造最大的意義。**

　　這絕對不是要你每天看折扣、貨比三家。因為那就跟每天忙賺錢卻忘了健康和家庭的人一樣，每天只想著怎麼撿便宜，其實都是在用一萬塊換一塊錢。要知道怎麼花錢才能創造最大體驗、價值、意義，其實重點已經跟錢沒關係了，而跟你到底決定如何過這一生有關係。

　　沒錯，從今天開始，除非你正處在生存線以下（沒有拚命工作就會餓死、完全沒有任何餘裕能想別的……但如果你能看到這本書，我想應該是不至於啦），否則你應該關注的，就要一直是：「你要如何過你的一輩子」，而不是要怎麼做才能賺到錢。

　　關注如何過自己一輩子的人，能夠用最有效率的方式賺到錢——在賺到錢的同時，也保持各個領域的平衡。因為他們清楚，哪些東西比錢重要，不應該為了賺錢而犧牲，

這樣的人也最有機會用自己熱愛的興趣、喜好，打造事業，
做自己喜歡的事，還能夠賺到錢。

　　而另一方面，他們也能讓花出去的每一塊錢，創造出
最大價值——最大程度滿足他們的理想生活、創造出最棒
的體驗，也就是最美好的生活，兼具物質的不匱乏與精神的
富足。

　　在「FIRE」概念提出來時，我注意到 *Early Retirement
Extereme* 的作者菲斯克（Jacob Lund Fisker），他正是在物
質與精神生活上獲得絕佳平衡的典範。超過十年幾乎每年只
用幾千美元開銷的日子，他也過上了可能是很多百萬年薪的
人夢寐以求的人生。前幾年開始流行的極簡主義，也能側面
證實這是值得追求的狀態。

⑤ 我不知道自己要什麼

　　根據上萬名學員的真實反饋，當我問：「這些錢，你打算怎麼花？」時，很多人都一臉茫然的看著我，回答我：「我不知道自己要什麼。」

　　這不怪他們，如果你不知道，也不怪你。因為我們從小到大，不只是沒有機會獲得相關的訓練跟環境，甚至會被阻止進行相關的思考。

　　從開始進到學校就推上瘋狂的賽道，許多被淘汰的人不是因為不好，只是單純因為用成績衡量不出他們的才華就被拋棄，而這些人可能又在飽受打壓的情況下，進入到另外的賽道。

　　當我們逐漸長大，好不容易看似能決定自己要做什麼、如何生活，卻又進入更瘋狂的競技場。公司無條件地要求成長、主管要業績、同仁拼績效、報章雜誌媒體說要有房有車才有幸福人生、家裡又問什麼時候考慮婚姻大事……一個不小心，可能就到了退休的年紀。我們根本沒時間思考，然後就錯過了一生。我們要扭轉的，就是這樣的人生。

不要怕做夢，
寫下來

我們所得回的，正是我們所送出去的。
為什麼我們不發送會產生正面結果的信號？
——喬・迪斯本札（*Joe Dispenza*）

⑤ 聚焦夢想更有機會擺脫窮困

　　每個人小時候都有很多想做的事，不管是小的欲望還是大的夢想；短期的想望或是長期的目標 —— 但隨著年紀增長，很多不是逐漸忘記，就是慢慢地越來越遠、越來越遺憾。而最常見的原因居然是「因為太忙了」。

　　忙什麼呢？忙工作。

　　忙工作幹麼？賺錢。

　　賺到夠多錢以後呢？

　　退休，不想再幹了。

　　什麼都不用幹之後呢？

　　嗯……就什麼都不做啊！

　　如果你的腦海裡是這樣的邏輯，很遺憾地告訴你：你的一生就是**被錢綁住的**一生。你很難覺得自己賺夠錢，就算賺夠錢後，你應該也會覺得很空虛，這不是既得利益者得了便宜還賣乖，這是基本的人性。

　　大家都因為太忙而想追求清閒，但充其量只是為了逃避沒有意義的痛苦忙碌，所以才想追求無所事事。但就算沒

有事情可以做，大腦也不會停止，會持續找到下一個讓你焦慮、關注、擔心的標的，讓你停不下來。

　　所以，當我問：「這些錢，你打算怎麼花？」時，其實我是在用「你決定如何過一生」的問題，來當作你的新起點，這也是你這輩子能賺到多少錢的「財富容器」基礎。先利用「你打算怎麼花」，來創建你的「夢想倉庫」，在倉庫裡收集所有你從小到大的憧憬、渴望、欲望，我們就可以先聚焦你的想望。

⑤ 夢想倉庫的作用與目的

① 避免浪費

　　從小到大，我們有多少次三分鐘熱的經驗度，事後回想起來，是不是總覺得不應該浪費那些時間、精力？之前上節目曾聽到一位藝人提起，自己因為朋友慫恿說滑雪很好玩，於是腦充血去買了整套滑雪設備，要價十多萬元，但後來滑了一次就再也沒用了。相信每個人都有類似的經驗，小時候腳踏車的改裝、想讓四驅車跑得更快的零件，到最近一次因為週年慶、雙十一而買，可能到現在連包裹都還沒拆的東西。如果都能在一開始不衝動，我相信，即便還是買了，也能更好地使用；而沒有買的更好，可以省下錢與精神做更重要的事。

　　就是因為我們常有很多三分鐘熱度的想法，所以你可以運用夢想倉庫的「暫存」與「定期檢視」功能，幫助你降低即時性的消費衝動。例如可能近期你看到世大運、亞運、奧運、某 YouTuber ／ TikToker 爆紅，或是新聞報導了某個趨勢、電視出現了《大嘻哈時代》或其他舞蹈、歌唱選秀節

目，把你整個人看得熱血沸騰，剛好想起曾經也有人說你節奏感很好、聲音很好聽，這一瞬間你猛然興起一個想法：或許你也可以當個饒舌歌手。

這類型的刺激從小到大都有，我其實都會把它當成是探索的機會。比起被長輩老師逼著讀書、找份穩定的工作，至少這是我們自己想做的。但無論是探索還是挖寶，我們都應該要有個機制，確定這是不是三分鐘熱度，還是能持續擁有熱情。

你可以先寫下來，給自己定一個月時間，陸續收集相關資料。一個月後再來看自己是不是和本來一樣興致勃勃、躍躍欲試，甚至覺得錯過會很可惜。如果發現那些感覺消失了，那就可以大膽刪除、恭喜自己刪掉一個選項，又朝著挖掘人生的熱情使命邁進了一步。反之，如果自己發現越挖越有興趣，甚至覺得自己沒有做會非常遺憾，那麼就可以開始規劃要投入多少時間資源，進行更深入的了解、學習或測試。

這兩個結果都同樣值得開心，因為我相信光是發掘這件事本身，就能為你可能日益枯燥的生活，帶來興奮與期待的正向能量。

② 減少遺憾

　　人很容易被近在眼前的所有事物抓住注意力，然後就被牽著走。無論是最近流行的影集、明星的緋聞、YouTuber 跟酸民槓上、政治人物的衝突，或是主管交辦的事項、新 iPhone 沒有新功能……在關注這些事情的同時，也代表著我們正在付出本來可以拿去為目標努力的機會。等到時間過去，甚至年華老去，才感嘆自己太忙、沒有機會去學鋼琴、寫作、攝影、畫畫，或是去實現夢想。

　　你是真的因為更重要的事而失去實現這些夢想的機會嗎？藉由把所有想做的事都放到眼前，我們才有機會好好檢視、盤點，並且排序出什麼對我們而言才是最重要、最想要的，而不只是無意識地被生活推著走，或是為了一些微不足道的雜事、瑣事，最後錯過真正對美好人生有影響的事。

　　例如，自己希望能有個好身材，想找個人教練。但可能新的 iPhone 手機剛發布，身邊的人不斷勸敗你舊手機已經用滿三年，可以換了。好身材的念想被壓在「以後有機會再說」的地方，而朋友們的鼓吹又活生生地近在眼前。結果很有可能，我們的決策就會是另外一支換完以後，也沒有多大影響的新 iPhone，而不是把錢花到能讓自己華麗轉身的健身計畫上。

　　這樣的案例比比皆是，一切都源自於我們太忙著應付眼前排山倒海而來的資訊、事件，讓外在的人事物來告訴你什麼最好、最重要，而沒有時間停下來看看到底什麼才是自己認為最優先的。

③ 勇於對抗主流價值觀

　　承接第二點，從小到大我們在還沒機會探索自己喜歡什麼時，就被趕上瘋狂競賽的升學跑道上拔足狂奔。更好的成績、更高的學歷、更好的公司、更穩定的工作、更高的職位、更好的地段、更大的房子、更貴的車子、最新一季的名牌包、公司的業績、更新的 3C 電子設備，甚至年紀到了就應該結婚、生孩子或是滿足特定的期待。

　　任何不是往那些方向前進的人，就會被稱之不上進或長不大，讓人根本沒機會為自己的人生負責。

　　現在我要告訴你，你的上進、成熟、為自己的人生負責，絕對不是這些社會的主流價值觀有資格去評判的。而**對自己的人生真正負起全責的第一步，就是不再隨波逐流**，正視、覺察你正在追求的那一切，甚至你害怕失去的那一些，是外在社會強加在你身上的，還是你自己真正想要的？

　　而夢想倉庫，這個簡單的小動作，就能協助你開始釐

清什麼是真正屬於你自己的人生，什麼能真的讓你感到幸福。不再因為想得到而感到焦慮恐慌，也不因為得不到就強迫自己「知足常樂」、「這樣就好」。

④ 專注於創造最大價值

發現自己的人生使命，發揮自己的天賦！生命是一個從發散到收斂的過程。我很喜歡一位智者說過的話：「成熟不是你能回答出正確的答案，而是你在面對一樣的課題時，你的答案越來越一致。」

比爾‧蓋茲、巴菲特都曾被問到，他們成功的祕訣是什麼？他們兩人不約而同地給出相同的答案：「專注」。那到底什麼是專注？

專心工作、其他先不管？好好讀書就好，先別想那麼多？眼前的工作都顧不了，先別分心想別的事？——這些都是「偽專注」，甚至可能淪於鴕鳥心態。鴕鳥心態是指鴕鳥在面對危險時的一個很可愛反應，牠們會把頭埋進沙裡，讓自己看不到危險，因為看不到，就覺得沒事了。

買到心目中的房子、提早退休、享受環遊世界的假期、給家人更好的生活、給孩子更好的教育……當人們想到再怎麼努力工作，都很難達到心目中那個美好的未來時，就

會開始告訴自己：現實一點，眼前的事情先顧好就好。

　　因為不去想，就不會感覺無力；因為不去期待，就不會失望了。而現在我需要你振作起來，為你滄海一粟的人生拚一把。

⑤ 站起來！跟錢拚了！

　　我心目中，能幫助你真正贏回人生、達到成功的「專注」，就是保持對你心目中理想人生、願景的關注，並且以此為基準，不時檢視自己目前在做的事，甚至是你的信念，能不能幫助自己達到人生的願景。

　　所以請**專注打造你的理想人生**，而不是專注於過程中的任何一個方法。

　　如果你的人生願景裡，希望有了財富之後，家人都在身邊、身體要很健康，但拆解回來發現，目前的薪水很難達到那樣的生活，甚至再拚命工作，只會讓自己跟家人沒時間相處、錯過孩子童年、也會犧牲掉健康……那麼就不要再拘泥於眼前這份工作。更不要想靠著「再多做一份工作」，或強迫自己接受：賺錢、家庭、健康只能選一個。

　　取而代之的是，**如果目前做的事不能完成目標，那麼我可以做出什麼改變**？這並不是說要你馬上離職去創業，而是能開始思考，如果要達到年收入千萬以上，我還能做什麼？如果那些達到的人所會的，都不是我會的，那麼我要怎麼做才能學會？

　　請不要直接告訴自己：「我沒有他們的學歷、錯過他們的時代、沒有他們的運氣……」這些都是藉口而已。

　　關於如何用最好的方式提高收入，並且形成你人生的護城河，讓自己永遠不用擔心被淘汰、老了就沒辦法獲得收入，我們下一章會講。這一章要做到的是先把完整的體系框架搭建起來，那麼剩下的努力，才能有事半功倍的效益。

　　請你保持對自己人生願景的關注，圍繞著它進行目標拆解、專案推進、安排相應的行動，設計自己的生活與習慣。當碰到酸民、嘲笑、黑粉、挫折，不妨回到自己的人生願景看一看，我們為此生氣、難過，甚至去回應他們、拚個你死我活時，對自己的願景有沒有幫助？如果有，那就做；如果沒有，那就置之不理、加以忽略。

　　這絕對不是懦弱的表現，這是在捍衛自己的注意力、確保自己能專注於長期願景的英勇舉動，而你每天都應該做出這樣的決定。

⑤ 建造夢想倉庫五步驟

步驟 ①：創建容器

在你的電腦新增一個資料夾，或在手機裡新增一個相簿，或是在 Notion 上增加一個資料庫，也可以用你的時間管理 App，在裡面增加一個類別，甚至使用實體筆記本，將它命名為「夢想倉庫」。

步驟 ②：批量 & 隨機收集

第一次收集時，先做一次完整的批量收集，給自己三個小時，把腦海裡、手機裡、購物車、社群平台（YT、FB、IG）收藏的、自己覺得想要的所有東西、想去的地方、想做的事情、想認識的人，全部放進夢想倉庫裡。可以是清單，也可以是檔案，有文字、有圖片，甚至影片，盡可能把所有腦海裡的東西傾倒出來。

過程當中如果有任何「這個應該不太可能吧」的想法出現，都不要管它，繼續列！反正列出來又不用錢。更重要

的是，這是你自己做的選擇，不需要因為後天學來的「現實考量」而放棄些什麼，或限制自己只能擁有什麼。

　　完成第一天的功課後，把它放在你可以容易取用的地方。之後如果在生活中又看到、想到什麼，例如發現饒舌歌手很帥所以自己也要開始寫歌等，不管多天馬行空都可以，都請馬上記錄下來，放進手機備忘錄暫存。最好不要單純截圖了事，因為這樣東西躺在照片裡，可能很快就會忘記。可以結合你原有的時間管理系統（如果有的話）的「收件箱」，再定期整理、放回「夢想倉庫」裡。

　　初期建議先讓自己養成習慣，並每週進行轉移，之後再定期檢視、更新。

步驟 ③：定期檢視

　　現在，你的夢想倉庫可能跟真的倉庫一樣，堆滿東西了！這時候我們要定期盤點檢視，看看哪些東西只是當時的三分鐘熱度，又有哪些現在看到後，依舊讓你熱血沸騰，或是覺得此生必做，沒做到一定會後悔！當你開始刪除某些東西，並決定留下一些事項時，恭喜你，你的生命慢慢從發散狀態逐步收斂了！

　　你開始把本來會瓜分你的注意力、時間、精力的東

西，逐步從你的生命中刪掉，千萬別覺得可惜或錯過。**我們的一生時間本來就是有限，不可能完成所有事**。也因此，「錯過」本來就是常態。

只是問題在於，你是在沒有意識當中、為了別人不重要的期待錯過了這一生，還是為了自己美好的人生願景，主動對那些會阻礙你、浪費你時間的事物說「不」呢？

步驟 ④：整理倉庫

堆滿了東西的倉庫中，當我們知道了哪些要丟掉，剩下的就是要分門別類，把架構建立起來。這是一個能讓我們逐步釐清何者最重要，以及在有限生命當中應該關注哪些領域的過程。

例如我的夢想倉庫中，**涉獵最多的八個領域，分別是精力、心靈、個人成長、家庭、財務、事業、關係、健康，**我就用這八個領域，將理想人生中所有的要素分門別類。也可以利用這八個領域定期檢視，自己在過去一個季度、過去一年，在各個領域做過哪些努力。這也包含我碰到哪些問題，以及接下來應該怎麼做得更好。

就像人類本來也沒有數學、物理、化學等科目，是隨著時間發展才有了這些分門別類的科目，甚至到了最後又有

社會科學、心理學等領域。但無論最後有多少專業科目，這些終究是為了實現讓人類更理解這個世界，或往前更推進一步的目標。

我們也常看到很多不同的人，用特定領域來定義人生，例如健康排第一，其他都是零；或是戮力追求工作與生活都要平衡等。但無論是哪一種分類，只要能符合我們想要構築的人生，就拿來用吧！

步驟 ⑤：構築願景

大衛・艾倫（David Allen）的《搞定！》一書中提到，我們除了可以在個人人生中的「水平領域」進行分類外，也可以做「垂直階層」的分類。例如，我希望保持健康的身材，以及我希望能在今年減掉 15% 體脂肪，並養成良好飲食習慣等，這就可以算是領域相同，但時間維度與範圍上有所差異的領域。書中提出了很好的框架，能幫助我們整理這些大大小小、來自不同領域的目標與願景。

這個框架在書中稱為「五萬英呎高空」，我們就簡稱「高空系統」。在這個高空系統裡，最高的「五萬英呎」是人生的最根本指導原則，也就是「宗旨」。依次往下（維度慢慢縮小）為願景、目標、責任與關注、專案、行動。

　　宗旨需要我們用一輩子探索，而且對大多人來說可能相對抽象，所以我建議大家從願景開始。這時事前準備的夢想倉庫中，裡面的種種「夢想」就能派上用場了。

　　■ 高空系統 ■

五萬英呎	宗旨	用一生追尋
四萬英呎	願景	你能想像的畫面或景象
三萬英呎	中短期目標	具體目標
兩萬英呎	關注與責任	須完成的事／責任／義務
一萬英呎	專案	個目標相應拆解的專案
跑道	下一步行動	可執行的最小單位

　　你可以使用最順手的工具來打造夢想倉庫，也可以至書末掃描【10 週打造致富體質行動清單】QR Code，下載我設計的「夢想倉庫 & 願景收斂」模板來參考或運用。

⑤ 探索人生願景，就是定義人生財富

　　在實現夢想倉庫裡那些經過定期檢視、精煉的夢想事項時，就差一個最重要的問題——綜合這些我們這輩子會想做的事情，那麼我們心目中「理想美好的一天乃至一年」會是怎麼樣？當你擁有理想美好的一天或一年時，會是什麼樣的感覺？

　　這裡包含了，我們身在何處？我們在做什麼？我們跟誰在一起？當下的溫度、氛圍、氣味、亮暗等，自己當時看起來怎麼樣？成熟睿智？談笑風生？幽默詼諧？精壯幹練？還是放鬆、平靜？穿著什麼服裝？精神狀態怎麼樣？身邊的人看起來如何？開心、專注、平靜、休閒、享受？如之前提及，平常看到 Netflix、電影、影集或任何網路上的影音素材時，那些讓我們怦然心動、嚮往的憧憬畫面時，請別嫌麻煩，趕快截圖收集下來，放到自己的夢想倉庫裡，成為人生願景的原料。

　　你一定發現了，我們心目中的理想生活，會有很多種版本。是的，那樣一點問題都沒有！我們的生活本來就不應該是被週休二日、朝九晚五定義；也不可能退休之後就整天

陽光沙灘、海島度假、喝著雞尾酒，在陽傘下躺到生命最後一天。

　　我們的時間乃至生命本身，本來就比每個月辛苦工作才拿到的薪水本身珍貴很多。但請別誤會，辛苦工作本身沒錯，而是「認為辛苦工作這件事不值得好好體驗、認為一切都是為了薪水」的想法才會帶來痛苦、讓我們錯過生活。

　　在眾多的人生願景慢慢被描繪出來以後，會發現很多的畫面裡都有共同的元素，例如家人、朋友、健康的身體、充沛的精力、和睦的氛圍等。這也是為什麼在我們描繪完這麼多畫面之後，有幾點需要大家開始有所覺察：

- 我們再怎麼辛苦賺錢，其實最後都是要把錢換成這些願景──錢沒有不見，只是變成喜歡的樣子。
- 即便再有錢，願景裡的東西也不一定都換得到──例如家人健在、健康、時間、朋友、精力狀態，以及和睦氛圍等。
- 就算現在只達到理想財務的 10%，我們也可以達到理想生活的 50% 以上──維持健康習慣、與家人親密交流、跟朋友真誠相待、用喜悅感恩面對每一天等，這些不都是我們在理想生活中也想要的嗎？有什麼理由不能現在開始做呢？

　　當我們辨識出這些後，剩下的可能就是那些「需要錢」才能達到的目標了。這部分，就需要我們用財務的方式來規劃、打造。

從人生願景
回推財務目標

你通往非凡成功的平凡之道源自於一個理想，
一個遠大理想。
——《普通人的財富自由之道》

⑤ 實戰演練：熱愛大自然的 Amy

　　無論你想買什麼、想過多麼奢侈的生活，在財務的世界裡都能用兩個表囊括、表達出來——**資產負債表、損益表**。也就是說，擁有什麼資產以及維持那樣的生活需要多少開銷，只要用這樣的表達方式，一來，不管後面怎麼改、怎麼加、怎麼減，都能保持清晰；二來，在未來真正進入到財務規劃、開銷預算、收入打造、資產配置時，也能起到莫大的作用。

　　為了避免困惑，我們直接用實際例子來說明。

　　Amy 的人生願景裡有一棟背靠青山、面朝大海的海景別墅，有一部可以露營的休旅車，跟老公與兩個孩子住在一起；每年要有兩次度假、每週有三次瑜伽課、兩次健身，每個月要捐五萬元給慈善機構，希望每天都能做自己喜歡的事——攝影，並希望能有很多人因為看到她的作品感覺到大自然的美好，更珍惜自然環境。

　　至於「非財務」的事項，則包含攝影能力的養成、時間的投入、兩個孩子跟自己的感情、夫妻關係、健康的身

體，甚至是穩定的情緒、每天的好精力等，都是現在可以開始成立專案推進。例如先上課學習基本攝影觀念、了解親子的正向教養學習等；或是養成習慣，例如健康飲食、規律作息、夫妻的定期約會等儀式，就能開始往願景邁進。

　　這些項目可以分門別類到不同的項目，並且填進預計的開銷。你可以使用我的「財務目標拆解」模板，逐一計算出各項的金額與累積的總額。接著再把它們分成資產項目與開銷項目。

　　我們繼續以 Amy 為例，她決定別墅要買在沒有地震的地中海，要價約 5,000 萬。休旅車需要花 300 萬、攝影器材需要 200 萬。因此我們可以在「財務目標拆解」的表格依序寫上項目，最後計算出**理想生活的總資**產需要花 5,500 萬。

　　而理想生活的基本開銷，包含了度假的花費、瑜伽健身、家庭開銷、提供給慈善機構的捐款等，全部計入後，就可以算出理想生活的年度開銷需要 410 萬。如果希望每年有 410 萬的被動收入，那需要多少投資組合呢？假設用每年 4% 的殖利率（股息）來看，410 萬／ 4%=1 億 250 萬。這也是為什麼表格上有一格是「創造 4% 被動收入的投資組合」，因為只有用理想生活的開銷來回推，才是最能滿足願景的資產狀態。當理想生活的基本開銷，大致都能讓投資組

合來滿足，那麼其他隱形資產、興趣熱情領域的收入、其他
主動收入，或是版權授權金等被動收入，就可全部算為額外
收益。可以更自由自在、不受拘束、按照自己意願而做，才
是理想生活最大的財富。至此，Amy 終於找到真正有意義
的財務目標了！

　　因為此時的財務目標只涵蓋了資產、支出，我們容易
忽略收入、負債這另外兩大要素可以衍生的可能性，例如增
加每個月盈餘、進一步累積財務，房子不一定全額買，甚至
投資組合也是用槓桿等來善用收入、支出、資產、負債，打

▪ Amy 的理想生活財務拆解 ▪

	預計年度開銷	預計一次性花費
每年兩次度假	NT$800.000	
瑜伽（每週三次）健身兩次	NT$300,000	
慈善機構善款	NT$600,000	
攝影器材		NT$2,000,000
背靠青山、 面朝大海海景別墅		NT$50,000,000
可露營休旅車		NT$3,000,000
生活費	NT$2,400,000	
總和	NT$4,100,000	NT$55,000,000

造更多讓財富增長的方式。所以，這邊特別進一步整理成傳統格式（財務目標資產負債表、財務目標損益表）來表達財務目標，讓我們的規劃考量更全面。

　　而在後續的財務現況中，反而毋需傳統格式表達，而以最滿足實際運用的格式來使用即可。

▪ **Amy 的財務目標** ▪

理想生活總資產		理想生活年度開銷	
總資產／ 一次性開銷	NT$55,000,000	預計年度總開銷 （未含通貨膨脹）	NT$4,100,000
創造 4% 被動收入的投資組合	NT$102,500,000		

▪ Amy 的財務目標資產負債表 ▪

財務目標資產負債表				
總資產價值	NT$157,500,000		總負債	NT$0
流動資產	總流動資產	NT$104,500,000	流動負債	總流動負債
	現金			卡費
	攝影器材	NT$2,000,000		欠錢
	投資組合（總目標損益回推）	NT$102,500,000		短期貸款
				其他
固定資產	總固定資產	NT$53,000,000	長期負債	總長期負債
	背靠青山、面朝大海海景別墅	NT$50,000,000		房貸
	可露營休旅	NT$3,000,000		學貸
				車貸
				信貸
				其他
隱形資產	隱形資產估值			
	快樂			
	優勢			
	意義			
	證照			
	能信任的人			
	其他（把柄、人情……）		淨值	NT$157,500,000

• Amy 的財務目標損益表 •

財務目標損益表		
P&L（盈餘）		**NT$0**
收入	總收入	**NT$341,667**
	興趣熱情收入	
	隱形資產收入	
	投資組合收入	**NT$341,667**
支出	總支出	**NT$341,667**
	每年兩次度假平均每月	**NT$66,667**
	瑜伽（每週三次）健身兩次	**NT$25,000**
	慈善機構善款	**NT$50,000**
	水電、瓦斯	
	繳稅	
	伙食費	
	保險	
	交通	**NT$200,000**
	電話費	
	休閒娛樂	
	進修費	
	保健養生	

⑤ 你需要的錢並沒有那麼多

　　從表格上來看，Amy 理想生活的資產需要 1 億 5,750
萬，每年需要的資金則是 410 萬！這是一個很重要的進度。
先別管 1 億 5,750 萬是多是少，現在我們有了幾個重大發
現，可以大大節省我們生命中的無效內耗。

　　我們不用成為「幾百億身家」的企業家才能過上好日
子，所以也不用因為你爸不是郭台銘、張忠謀，就覺得自己
的人生無望。**你根本不需要這麼多，你只要一億多就夠**，別
再用沒有含著金湯匙出生找藉口。

　　我們很清楚自己是為了理想生活奮鬥，而不是錢。也
因此我們更能在這一路上確保理想生活的逐步累積、而不是
為了賺錢錯過更多。目前的數字是錢處在「最低效率時的狀
態」，在這一路上，我們可能會發現還有其他方式能讓我們
獲得想要的車子或房子。例如藉由攝影比賽獲得一輛露營休
旅車，讓我們花更少錢、達到理想生活。

　　當你不再為了錢工作、你就有機會讓工作變得更值
錢。我們的投資組合是圍繞沒有主動收入而計算，但試想，

若 Amy 能在沒有壓力的情形下堅持熱愛的攝影，她的攝影作品是不是更值得期待？

最後，也是最重要的一點：從模糊到清晰。以往我們在提及海景別墅、豪車、無憂無慮做自己喜歡的事，還能過有品質的生活時，第一個反應就是：「現實一點，別想太多」、「卡早睡卡有眠」、「洗洗睡吧，夢裡什麼都有」。但現在至少你有了根據，可以直接計算差距，接下來，只要針對這個差距想辦法、學習、做計畫、執行就好。

其實我也不敢保證，從夢想倉庫的收集到願景與理想生活的財務表可以一次過關，讓你找到這輩子的人生意義。但我相信這至少是好個開始，能讓你踏上覺醒之路，擺脫主流價值觀的盲目比拼，開始自己定義自己的成功。

我很想帶著大家一起打造其他的健康、家庭、生活作息、品質、夢想、學習、事業等系統工程，但不得不說，**只要錢的焦慮沒有解決，做什麼都很難全心投入**，所以我們就先從個人財務體系開始吧！

⑤ 2 大報表、4 大要素速解財務現況

　　財務的現實處境就是我們目前的財務現況，一樣能用簡單的表格表達出來：損益表、資產負債表（不需要現金流量表，因為個人損益與現金流以月度來看通常是一致的，就不需要另外記錄）。

　　一般常見的損益表與資產負債表就如右頁所示，表格上可清楚看到構成損益表、資產負債表的四個根本要素：收入、支出、資產、負債，以及結算而成的盈餘、淨值。而這就是我們要長期優化、打造財務增長策略的重要依據。

　　我了解大家突然看到「資產負債表」與「損益表」可能會覺得很難著手，畢竟在我們的印象中，這兩張表格通常都是公司在使用。如果要直接填寫，或許會覺得相當不容易。這也是為什麼我們要另外把收入、支出、資產、負債都另外分類出來。

　　你可以參考書上的填寫模式（P120），而線上工具模板「收入支出細項統計」，則會將收入與支出整合在同一張表格。建議你先讀過以下的說明，再進行填寫。

▪ 企業 & 個人損益表、資產負債表對照 ▪

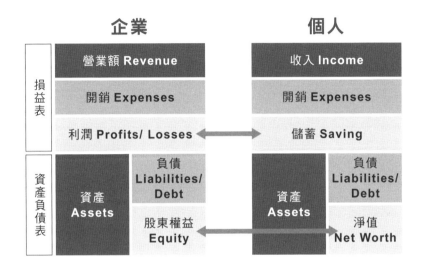

收入現況

　　收入應該是相對容易的部分，因為大多數人的收入都是比較單純的。要注意的是，我們的收入可能都有預扣勞健保及所得稅，因此建議大家記錄原本收入時，也將被預扣的項目記入支出裡，這樣可以更清楚自己的收入支出結構，也可以在未來財務規劃時能更精準的考慮各項細節。

▪ 損益表：收入－支出＝盈餘 ▪

類型	項目		金額
收入	薪資		
	總收入		
支出	償還	房貸月繳	
	償還總額		
	生活支出	飲食	
	支出總額		
	儲蓄＆投資	儲蓄	
		投資	
	剩餘可支配金額		

▪ 資產負債表：資產－負債＝淨值 ▪

類型	目的	帳戶	總額
流動資產 （可立即變現）	緊急預備金		
	流動資產總計		
非流動資產 （不可立即變現）			
隱形資產 （快樂、優勢、意義）			
資產總計			
流動負債			
	流動負債合計		
非流動負債			
負債總計			

支出現況

很多人記帳記了很久，卻沒什麼效益，這很正常。想要真正改善，建議將開銷分三個層級處理：**流水帳、細項分類與報表**。流水帳做記錄、細項分類做監控，報表則做為財富增長的策略依據。

流水帳的目的在於地毯式收集，除了必要開銷，也能觀察到自己的習性。記錄大約維持兩個月就能停止，有管理概念的人，兩個月時間就有足夠數據知道自己的各分類開銷水準，每個月只要關注開銷總量及個別額外的開銷。

細項分類可以用坊間的眾多 App 去記錄，建議越簡單越快速的越好。記錄兩週以後就能開始分類。我相信兩個月的時間與資料量應該綽綽有餘，如果還有不知道怎麼分類的品項，就先用「其他」來涵蓋。

報表只顯示主項次總開銷的統計，例如貸款、保險、孝親、家用、零用金、教育、學習精進、交通、政府、休閒娛樂、探索基金及其他。一旦穩定了，就只要花最少力氣去管控開支，也不用花額外時間進行記帳。把時間拿去擔心開銷，就不能拿來思考如何創造收入。

掌握收入與支出的數據後，你就可以回填數字到我整合過的「收入支出細項統計」，並且每個月進行檢視。

資產現況

很多主流的資產認定，能帶來現金流的才算資產。我覺得這樣太過嚴苛，例如房子租給別人就是資產、自住就是負債，這有點矯枉過正了。那租不出去、先省錢自己住，算不算資產？這裡要請大家忘掉這種只能符合特定情況的狹隘定義。

這裡我們回歸最簡單粗暴的定義，只要能讓你拿去賣錢變現的東西，都可以視為資產，大到房子、小到推車都可以。基本上，資產脫不開四大性質：**保值、增值、貶值，或是能帶來現金流的**，這層認知很重要，也是我們未來進行資產配置的最根本概念。請牢記，凡是有殘餘價值能加以利用的，都是資產。

當然，把大資產放進來後，小資產可能就顯得微不足道。不過這真的得依照每個人個性，以及近期有何專案在進行而定（例如為了搬家而變賣電風扇、烘衣機等，這些電器都可以當作能變現的資產）。

因為現在是初次釐清資產現況，所以只要是達到「不可忽略的價值」的品項，都可以盡量列出來。就算房貸還沒還清、車貸還沒還清，統統都沒問題。查一下市值，把它們都放上來。

　　排列方式可以用最容易拿到錢，到最難拿到錢作為排列順序——現金、活存放最上面，再來放定存、股票、基金、奢侈品、珠寶、儲蓄險、投資型保單等，最後再到你的車子、房子、土地等。

　　有什麼先列什麼，一旦完成第一次的盤點後，之後只要每個季度檢視、更新一次就可以。就算日後投資股票、期權或甚至加密貨幣等波動性大的標的，也都每季統整一次即可，毋需太頻繁。筆者這裡也準備了個人使用的資產負債表模板（P126），讀者同樣可從線上下載「資產負債表（季末檢視）」，連同稍後介紹的負債概況，都可以一併記錄於此。

負債現況

　　這邊還需要大家整理的是負債，凡是需要超過三個月來償還的債務都要記錄。例如申請分期還清的卡費，無論是三個月、六個月、十二個月都要列下來。假設是這個月刷卡、下個月就要還的卡費，就可以不用記錄。

　　一般大家比較熟悉的負債，有學貸、房貸、車貸、信貸、卡債等，可能有人還有民間貸款。一般情況，只要在資產負債表上記錄總額即可。但如果你發現自己跟筆者當年一

樣，被負債壓得喘不過氣時，就可以啟動「債務處置表」，協助自己直球面對壓力，進一步有效分析債務、排序優先層級，最後各個擊破。「債務處置表」需要羅列的資訊有以下七項：

① 債務餘額

② 每月還款額

③ 利率

④ 綁約（例如十八個月後才能還清）

⑤ 最後還款日

⑥ 原始總額

⑦ 本＋利還款總額（也可忽略，單純看 ③ 利率即可）

這些資訊可能需要你打電話向貸款銀行的窗口，逐一釐清，或許有點麻煩。但請你相信，比起持續焦慮、恐慌，這些舉動絕對來得更有價值。

每月還款額也會放在損益表的支出裡，但是這裡如果也有羅列，在碰到考慮提早清償債務的時候，就能比較方便進行評估。你可以在書末的【10 週打造致富體質行動清單】的線上工具下載「債務處置表」。另外，當你完成這份表格以後，你就有數字可以回填我整合過的資產負債表。

▪ 資產負債表（季末檢視）▪

資產負債表每 3 個月記錄一次，表格內請填「數字」			
類型	項目	1 月~3 月 （請以相同貨幣填寫） 此欄位以 Amy 為例	%
流動資產 （一年內隨時可變現的資產）	活存	200,000	1.92%
	定存		0.00%
	台股		0.00%
	美股		0.00%
	外匯		0.00%
	ETF	150,000	1.44%
	應收	5,000	0.05%
	投資型保單		0.00%
	電動機車	40,000	0.38%
	可退還訂金	5,000	0.05%
			0.00%
			0.00%
			0.00%
	流動資產合計 A	400,000	
非流動資產 （超過一年較能變現的資產）	儲蓄險、投資型保單提回現值		0.00%
	應收款項（借給他人的錢、 未收尾款……）		0.00%
	房屋現值	10,000,000	96.15%
			0.00%
			0.00%
	非流動資產合計 B	10,000,000	
資產總計 C		10,400,000	
流動負債 （一年內必須繳清的負債）	醫療保險		0.00%
	稅金（所得稅、燃料稅、 地價稅……）		0.00%
	信用卡費用		0.00%
	其他		0.00%
			0.00%
			0.00%
			0.00%
	流動負債合計 D	—	
非流動負債 （超過一年持續繳納的負債）	房貸	8,000,000	99.63%
	學貸	30,000	0.37%
	信貸		0.00%
	車貸		0.00%
			0.00%
			0.00%
			0.00%
	非流動負債合計 E	8,030,000	
負債總計 F		8,030,000	
資產淨值（總資產 C －總負債 F，真正屬於自己的財產）		2,370,000	

20 ＿＿ 年					
4 月 ~6 月 （請以相同貨幣填寫）	%	7 月 ~9 月 （請以相同貨幣填寫）	%	10 月 ~12 月 （請以相同貨幣填寫）	%
—		—		—	
—		—		—	
—		—		—	
—		—		—	
0		0		0	
0		0		0	
0		0		0	

▪ 債務處置表 ▪

No	債務名稱	原始總額	目前季度	餘額	每月還款	利息（%）	如期還完總利息	綁約到期日	排序	預計採取行動
1										
2		月付額 × 總月份－原始總額								
3										
4						約定多久後才能還清				
5										
6						可根據利息、總餘額等決定 如有額外收入時的優先償還對象				
7										
8										
9						維持現狀繼續還、談降息、拉長時間降低每月還款、合併債務、協商等				
10										
11										
12										
13										
14										
15										
16										
17										
18										
19										
20										
21										

⑤ 超實戰演練：Amy 財務現況總整理

　　假設 Amy 今年年初，用青年首貸專案買了一間 1,000 萬的房子，付了 200 萬頭期款，貸款 800 萬。目前銀行帳上有 20 萬元，沒有車子，只有一輛當時一次付清的電動機車，現在二手賣掉的話大概可以賣 4 萬元。有個老朋友之前跟她借了 5,000 元還沒還，自己之前買了一個課程預付 5,000 元訂金（可以退回），另外她也開始定期定額買 ETF，目前市值 15 萬元，另外還有學貸 3 萬正在慢慢還。我們就能用資產負債表來顯示、計算淨值。

▪ Amy 的資產負債表 ▪

資產負債表			
每 3 個月記錄一次，表格內請填「數字」			
類型	項目	1 月 ~3 月 （請以相同貨幣填寫） 此欄位以 Amy 為例	%
流動資產 （一年內隨時可變現的資產）	活存	200,000	1.92%
	定存		0.00%
	台股		0.00%
	美股		0.00%

（續下頁）

流動資產 （一年內隨時可變現的資產）	外匯		0.00%
	ETF	150,000	0.05%
	應收	5,000	0.00%
	投資型保單		0.38%
	電動機	40,000	0.05%
	可退還訂	5,000	
	流動資產合計 A	400,000	
非流動資產 （超過一年較能變現的資產）	儲蓄險、 投資型保單提回現值		0.00%
	應收款項 （借給他人的錢、未收尾款等）		0.00%
	房屋現值	10,000,000	96.15%
	非流動資產合計 B	10,000,000	
資產總計 C		10,400,000	
流動負債 （一年內必須繳清的負債）	醫療保險		0.00%
	稅金 （所得稅、燃料稅、地價稅……）		0.00%
	信用卡費用		0.00%
	其他		0.00%
	流動負債合計 D	－	
非流動負債 （超過一年持續繳納的負債）	房貸	8,000,000	99.63%
	學貸	30,000	0.37%
	信貸		0.00%
	車貸		0.00%
	非流動負債合計 E	8,030,000	
負債總計 F		8,030,000	
資產淨值 （總資產 C －總負債 F，真正屬於自己的財產）		2,370,000	

　　可能有人要問了，我要怎麼記錄每個月的學貸、房貸
繳出款項？太棒了，這就是我們需要至少兩個表的原因。

　　假設 Amy 每個月學貸繳 3,000 元，房貸 2 萬。那就在
損益表裡支出的貸款類別，分別記下房貸的 2 萬元和學貸的
3,000 元（見 P130、P131 表格）。

▪ **Amy 的貸款** ▪

償債	$23,000
房貸	$20,000
車貸	
學貸	$3,000
信貸	

　　Amy 的其他開銷都收斂之後，就能開始有更進一步的
收入與開銷預算制定。根據她的月薪 6 萬元，每年 14 個月
等資訊，就能整理成模板裡的損益表格式。至此，我們就有
Amy 完整的財務現況以及財務目標。下一步就能針對兩者
的差距來制定計畫了！

▪ Amy 的損益表 ▪

損益表＝收入－支出		月
盈餘累計（1 月放期初存款） 月初銀行應有餘額		200,000
盈餘與儲蓄累計 （月底銀行帳號應該有的數字）		213,961
（E）總收入		60,000
支出	生活費（食／住）	14,200
	孝親費／零用錢	2,000
	給政府	2,200
	償債	23,000
	訂閱	330
	保險	3,040
	交通	1,269
	健康與休閒	－
	個人成長	－
	公益	－
	紅包	－
	其他	－
	生活支出總額	46,039
盈餘		13,961

量化財務現況 與財務目標

幾乎每一個失敗的案子，
早在做預測和決定時，
有些關鍵假設就已經錯了。
——《你要如何衡量你的人生》

⑤ 只差 1 億多而已

　　現在有了財務目標兩個表、也有了財務現況兩個表，這代表什麼呢？代表我們可以開始量化「夢想」與「現實」之間的差距，來場直球對決了！

　　是的，不用再模稜兩可地說那個豪宅太貴、開豪車想太多，或是每次講到你的未來想怎麼樣就被別人潑冷水，還扯一大堆個人見解。回歸到財務數字，無論多麼虛無飄渺，就算看起來很遙遠，現在我們至少知道距離到底是多遠了。

　　下一個可能發生的問題就是，很多人看到差距太大就想放棄。可能我們平常太習慣被告知「現實一點」、「不要想太多」、「量力而為」。但這次，我希望你勇敢一次，因為你已經忘記了自己有多麼了不起、成就了多少事。

　　別說別人不懂自己的情況，這個不行、那個不行。其實第一步就是決心，如果有障礙，那就思考如何排除或是繞過障礙。我不怕一個人負債太高、能力不好，也不怕他沒有資源，甚至入不敷出。我怕的是一開始就否定自己、立刻說服自己妥協，或是像喝到毒雞湯，方向沒搞清楚就開始亂

衝，勒緊褲帶、胡亂兼差，最後身體累垮了、不小心荷包失
血了，又回頭強化內心深處那個「自己果然不行」的信念。
然後憤世嫉俗的說：這一切都只是雞湯。

　　回到 Amy 的目標與現況來看。

▪ Amy 的財務目標 ▪

> **Amy 的理想生活：**
> ● 1 億 5,750 萬的資產淨值（負債 0）
> ● 每年有 410 萬來支付理想生活開銷
>
> **Amy 的現況是：**
> ● 有 237 萬淨值
> ● 每個月 6 萬收入

　　差距就很清晰易見了，差了 1 億 5,513 萬的資產，以及
404 萬的收入。這時大家普遍的反應都是倒抽一口氣，然後
告訴我「這真的不可能啊！ Will，太多了！」

　　但是這真的不可能嗎？大多數人的不可能都是後天學
來的。沒有人能證明自己是不是這輩子都不可能，他們頂多
能證明，按照目前的工作、薪資成長幅度，不做任何改變的
話，確實不可能。為什麼很難？那是你基於目前所學判斷。
但是你的判斷依據真的合理嗎？真的不可能嗎？追根究柢，

是不是跟你可以賺到 1 億一樣，既然沒什麼能支撐的好理由，那為何不先相信自己可以呢？

只要願意改變，就一定有機會，我想這點沒有人能否認。而本書的內容也會讓大家看到為什麼可能，以及如何做到理想人生的實現。

這裡要再次強調，別因此開始瘋狂追逐數字，因為最終目的是理想生活、是願景。假設一路上有機會用更少的錢與力氣，就能達到願景，那就不用追著那些錢跑了，這才是以終為始、具備支出效益、有效率的人生。

舉例而言，當 Amy 逐步開始戶外露營生活，以愛護地球為主軸不斷分享自己的觀點，最後成為本業時，她的工作可能就變成定期露營、有人付費請她去度假，或甚至有廠商贊助她夢寐以求的露營車。這時她非但不需要自己掏錢買，更不用額外花費時間先去賺錢、存錢、投資來買。更重要的是，她也不用額外去追求很高的投資組合，因為她不再想著「退休」這件事，光是基於愛護地球、親近大自然的理念，就能讓她不斷分享、不斷累積，說不定生命的最後一天，才是她退休的那一天。這狀況下的主動收入也會不斷供應，而不是我們傳統想像中的，一旦退休就只能依靠政府勞保勞退，以及自己的投資組合。

　　比起傳統定義上的退休，找到一件你不會想退休的事
前進，是不是更值得追求？而更好的消息是，這件比退休更
值得追求的事，你現在就能開始做，不用等到幾十年後。

　　這也是我們要開始著重兩大收入結構 —— **主動收入、
被動收入的打造**，並在一路上，確保我們不只財務增長，而
是能讓自己各個層面都與之成長，讓我們不只財務達標，其
他的領域也一起達標、構築真正的理想畫面。

　　具體方法步驟我們即將在〈收入策略〉篇章裡分享，
這邊我們先回到基礎觀念與框架裡。

⑤ 聽到 1 億，馬上放棄？

　　回到 Amy 的財務目標與現況的差距，所有人面對這種巨大差距時，第一個反應就是：**做不到**。

　　有些人覺得自己不值得那麼多、做不到；有些人忽略或不知道時間的複利，也因為沒有方法創造複利而心急；還有人是因為認知不足，依照目前的狀況，想不到什麼方式能達到。前述三者最難纏的第一點，跟華人教育的「安分守己」、「知足常樂」有很大關係。並非說知足不好，而是大多人誤把妥協當知足，白白浪費了自己的巨大潛力，也讓很多絕佳機會從眼前溜走。我需要大家拋開這些疑慮，先讓自己按部就班，一步一步往前跟著走，你一定能看到自己的可能性。

　　要擺脫這些底層限制信念與誤解，需要先建立起認知基石，來讓所有看起來困難的目標變得觸手可及。達到目標本身的意義微乎其微，但是達到目標的過程與經歷是偉大的，因為那可能就已經是你的一生。目標的存在不是讓你達到，而是讓你經歷一些過程，最終的你加上這些過程，就能遠遠大於目標。

　　大谷翔平在高中時期就曾經用曼陀羅九宮格，圍繞著「八大球團第一指名」的目標設計生活，包含球速、體能、運氣、作息等。而他的生活就圍繞著這個目標拆解的行動來設計，每天執行。後來成功當上了選秀狀元，很多人會說他應該要考慮趨勢、每一屆的競爭對手、球隊的規劃與理想人選需求等，但這些不是他能控制的，所以他還是繼續專注在自己能做到的事上。當他達到目標的時候，這個過程依然沒有停止，他專注在進軍大聯盟、成為世界冠軍上，持續設計路徑、訓練、作息。

　　隨著這樣的過程不斷延續，他的成就也讓他一再更新目標，甚至也更新世界對他的期待。我相信在他之前，這樣的成就是沒有人敢想像的。同一個人，在世界棒球最高殿堂之上，不僅僅將投手的角色發揮到極致，也在打擊的領域成為最強巨砲。這種本來只在漫畫裡才會出現的情況，因為他的存在，讓我們能親眼見證歷史。

⑤ 你有拆解過目標嗎？

　　這就是過程遠比目標本身偉大的最佳案例。目標的存在，是為了讓你能有所取捨地打造自己的過程，讓自己的每一天「有的放矢」、不白白浪費在膚淺的消遣，或是無謂的社交媒體、新聞、明星八卦上。過程本身是構成你每一天讓自己感覺更有成就、更有意義的根本理由。

　　當你專注在每天能做到的事、依目標來捨去不該做的事、有所節制的休閒消遣，讓自己的休息也很有效益，即便目標還沒達到，我相信那也是早晚的事。

　　面對看來像天文數字的財務目標、遙不可及的夢想，我想問的問題只有一個：面對這些願景，你有沒有真的圍繞它去拆解一路上要達到哪些目標？要達到這些目標，自己應該學習什麼？持續做什麼？改變什麼？生活、習慣、作息，甚至工作本身，該不該也做相應的改變？

　　大家都為了要賺更多錢而急著去加更多班、埋頭苦幹、表現給老闆和客戶看。你能不能先停下來思考。這些事本身跟賺到更多錢的關係有多大？還是只是廉價的努力？

　　當你開始有所覺察，就算目標很遠，你也不會焦慮。因為你過的每一天，本身就是成功的，就算達到目標，也會繼續這樣的生活。假設你成功後的生活與現在相去不遠，你現在就是成功的。你養成成功的習慣、成功地過好有成就感的每一天，不是因為你追求成功，而是因為你享受這樣的一天。這樣的每一天，自然能帶你去到更喜歡的未來。

　　假設你的夢想裡是一家和樂、開開心心吃飯、聊天，自己身體很健康、個性很幽默，身邊的人也因為自己存在感到放鬆安心……而且這個場景可能是在一架私人飛機裡，或是在海景別墅中。除了私人飛機、海景別墅以外，畫面中一家人的關係維護、自己的健康身體、多反思好讓自己更能支持周遭的人等，這些事，你今天就能做到。而一旦做到，也已經達到了夢想生活的 80% 了！

　　所以不必擔心目標太遠，如果你從今天開始就圍繞它規劃，執行、享受過程，那麼你已經至少 80% 成功了，而其他還沒達到的，也只是時間問題而已。

　　既然我們知道自己終究都能達到這樣的財務目標，是不是現在就能讓自己減少焦慮、把注意力放在更多其他理想生活的「非財務」要素上？

　　例如，現在就開始鑽研自己有興趣的領域，不再為升

遷加薪患得患失，也不再因為主管的褒貶而情緒起伏，更不會盲目加班，而把時間留給家人。絕大多數「未來的理想生活」中的一切，都是現在就可以擁有的。當我們能增加按照自己的意願生活，就不需要再期望著「早日退休」，或是「提早財務自由」，當然也不需要把生命切割成「退休前、退休後」、「財務自由前、財務自由後」了。

回歸到 Amy 的案例，Amy 做完所有的釐清後，感覺自己生活得更有意義、也更踏實了。她希望自己可以保持健康，並且規劃未來 45 年，每個月至少儲蓄 6,000 元來進行每年的定期投資。另外她也重新整理目前手邊的資金，決定先投入 20 萬。

經過「財務全景圖」的計算，達到她的財務目標所需的年化報酬率是 13%。如果是以頂尖公司平均 15% 的年化增長率，那麼 Amy 投資組合最後將達到 3 億 6 千 5 百萬。如果投入股神巴菲特的 BRK，根據過去幾十年的平均報酬率，總值也將來到 14 億！（參考 P144、P145「Amy 的財務全景圖」）

既然有了目標報酬率，Amy 就算沒有升遷加薪、沒有其他收入，就這樣按照自己本來的節奏生活，也能有億萬身價，以及數百萬的被動收入。而這一切都還只是基本值而

已，還沒涵蓋 Amy 專注自己的熱情、健康，以及往後幾十年開心生活的價值，以及這一切背後衍生的巨大報酬。如何做到？我們需要完整了解接下來的財富增長策略。

▪ Amy 的財務全景圖 ▪

財務目標	
理想生活年度開銷	
預計年度總開銷 （未含通貨膨脹）	4,100,000

選擇你要幾年後達到財務目標	每個月可投入
人類壽命越來越長、老年生活品質也越來越好。不急著很快達到財務目標，而是儘可能現在就讓自己的生活慢慢接近理想狀態；與此同時也確保自己有良好的健康習慣。確保自己在累積財富的同時，好好生活、並在財務目標達到時仍然能盡情享受。	定期定額 （可自行填寫，公式設定為累積一年後再開始投入。下方數字為案例）
45	6,000

財務現況	
損益表 （完成 12 個月滾動預算才會顯示）	
總收入	840,000
總支出（不含儲蓄自動扣款）	612,468
盈餘	227,532

理想生活總資產	
資產一次性購置總額	55,000,000
創造 4% 被動收入的投資組合總數	102,500,000
總資產	157,500,000

一開始本金 -- 初始投入本金	達到上面財務目標所需年化報酬率 -- 以此來選擇合適標的
（可自行填寫，公式設定為第一年期初投入。下方數字為案例）	10.7% 為 S&P500 長期年化報酬率，但期間也很多大波動；15% 為好公司平均長期穩定表現；此二者可藉由學習與長期投資達到。15 ～ 20%、20% ～ 25% 需要專業機構、槓桿或一定進攻、樂透配置。長期年化 25% 以上較不實際，與其追求此報酬率，建議拉長時間、增加本金、定期定額。
200,000	12.55%

資產負債表 （完成資產負債表才會顯示）	
總資產	10,400,000
總負債	8,030,000
個人淨值	2,370,000

以上均以台幣計算

第 3 章

財富增長的
財務四策略

人生財富的定義因人而異，財務只是實現人生財富的其中一項。但是因為
太多人不會正確投資理財，終生都汲汲營營，也就很難談得上人生財富。
幾乎所有的財務專家都建議，努力工作、省吃儉用，把錢存下來投資，就
能提早 FIRE。這在財務上極其合理，但對人生卻不盡然。請大家試想另一
種可能——每天做著讓你迫不及待出發的工作、擁有更高的收入、自由安
排自己的生活與工作節奏……更重要的是，你的收入能夠隨著時間而不斷
增加或能輕易維持。

聽起來不切實際嗎？但這絕對可行。我想邀請所有讀者，從以下重點步驟
開始打造自己圍繞天賦使命的「最佳財務結構」。

支出策略：
先決定願景再決定怎麼省

第一個想法很簡單，卻很容易被忽視，
那就是累積財富與你的收入或投資報酬無關，
但與你的儲蓄率息息相關。
——《致富心態》

⑤ 不是省吃儉用就好

很多人追求「省吃儉用」，我卻追求「支出效益」與「可預測性」。因為省吃儉用是有上限的，上限就是你頂多賺多少、花多少。那麼可以算一下，當一個人把大多精力放在省吃儉用時，他一輩子能剩下多少錢？可能還不錯，但絕對達不到理想生活那樣，更恐怖的是他可能活不到那一天。

多數人的省吃儉用，是在熱血沸騰的時候把自己逼到極致，然後一達到目標可能就報復性反彈、一夜回到解放前。這在長期的財富規劃上有很大的不安定因素。所以我們要追求的，不應該是省吃儉用，反而應該是「支出效益」以及「可預測性」。

支出效益最大化

「支出效益」指的是，以「達到理想生活」為前提的支出評估。注意，這裡不是單純省多少錢的計算，而是有特定目的要達到的開支評估。例如，在願景裡，你追求的是健康的身體、良好的體態，你當然可以用省錢來達成：吃便宜

的泡麵、不要運動，以免餓了會吃太多。這樣雖然可以省到錢，但我保證省下來的錢幾乎沒有任何意義，比起你的健康，那根本不值得一提。

　　與此同時，你應該考慮的是，是不是應該先找教練評估運動的方式，與你的目標是否一致？是否應該搜尋誰能提供系統化的課程學習規劃？要付月費去健身房，還是單純買雙好跑鞋，先簡單晨跑或夜跑？飲食部分是要直接買健康餐盒，還是自己批量買食材來做便當？除此之外還有其他方法嗎？例如請同仁一起準備、一起平均分攤？

　　這就是**支出效益的評估，先確立願景目標，再決定省錢方式**。這樣的好處是你能長期、持續、穩定走下去。在財務上有所積累以外，其他願景領域也有所前進。避免以後要花費更多來挽回，或更糟糕，花更多錢也挽回不了。

關鍵是可預測性

　　在未來，無論是投資組合增長，還是單純薪資收入增加，我們希望看到的，是你能因為收入增加，財富累積的速度也能增加。這時，如果有一個長期、持續、穩定的生活品質與開銷，就會是很關鍵的因素。

　　我常看到，薪資隨著年資增加的工程師，在獎金收入

增加 20% 的時候，開銷也跟著增加，而且增加的幅度還不只是 20%。可能先來一筆大的支出，再伴隨每個月 15 ～ 20% 的開銷增加。例如本來每個月 5 萬，加完薪 6 萬，年終領了 30 萬，於是先拿去度假、付頭期款買車。每個月開銷從本來的 3 萬，變成 6 萬 2 千，之後還要繳車貸。這樣就算收入增加，我們也只能看著他一步步把自己綁死。

這種開銷方式通常有更深層的問題，就是**根本不知道自己的長期願景是什麼**。越是這樣的人就越會受周遭的環境所影響，例如：「這個級別的薪資，應該開賓士」、「應該買一個萬寶龍包」……錢花得越來越多、工作越來越辛苦，但是卻越來越沒有安全感、越來越空虛、越來越不能沒有眼前這份薪水。

與其如此，我更願意看到一位專注長期願景的人，一開始可能開銷每個月就要 4 萬，但隨著升職、加薪，他的開銷依然維持在本來的水準，只有微幅增加。那麼我就能知道，隨著收入增加，加上投入在投資組合，他的財富增長速度會越來越快。並且在財富增加的過程當中，其他的人生領域也慢慢朝著願景前進，例如維持健康、家庭關係、興趣培養、熱情專長的精進等。

⑤ 薪資差 5 倍，人生可能差 20 倍

一樣是從薪資 5 萬到 25 萬，人的反應通常會有兩種：

對於第一種人，看似收入差了 5 倍，但人生沒有任何改變，甚至倒退。因為他的每月盈餘，可能從正 2 萬，變成零或是負 2 萬。他的開銷在無節制地增加、他在不斷貸款買更多「配得上」自己收入地位的東西。

對於第二種人，他的開銷習慣，能讓他在薪資變成 5 倍時，餘裕增加 20 倍。因為本來可能盈餘只有 1 萬，隨著收入增加，就算開銷有些微上漲從 4 萬變 5 萬，盈餘還是從本來的 1 萬，變成了 20 萬。

從風險角度來看，才是最細思極恐的地方，第一種人的開銷結構逐步變成以貸款為主，想減也減不了。因為沒有盈餘，也很難儲蓄，當公司因為景氣不好、減薪、留職停薪甚至資遣時，他們幾乎沒有任何抗打擊能力，會在海嘯第一排就直接被沖走。也許會因為付不起貸款、資產抵押、債務協商，最後宣告破產、信用歸零（但這也沒有什麼不好，至少是寶貴的一課。）

　　第二種人，因為本身開銷低，很輕易就能有個半年到一年的開銷總額放在銀行裡。這時就算公司發生什麼事，也能自己當放假、休息個半年一年，絕對足夠思考下一步，或甚至是另起爐灶。

　　對支出的盲目預期形成了無謂的恐懼，這也是稀缺心態的根源之一。我們受了太多未雨綢繆的教育，常因為「未知的風險」而有過多的考量與焦慮，自己嚇自己。在金錢上造成的結果就是，擔心未來不夠用，看到很多人保險買很多、現金存很多，面對投資卻遲遲不敢出手。要從這樣的自我牢籠解脫，我的方法來自馬斯克為了追求宏大的夢想，而嚴格控管每日開銷的經驗（詳情請見 P193）。

　　他的故事讓我茅塞頓開，如果我們在關注目標願景的時候，不能先「明確生存底線」，就容易在追尋夢想路上有所顧慮。自此之後，我的財務系統除了有「財務目標」、「財務現況」，還多了「生存底線」。探索自己能「單純活著」的最低要求，也是突破自我極限的過程。

　　我們沒必要每天都活得很辛苦，但知道自己能夠在極端狀況下生存，這才是一個人強大的地方，它讓我們更勇於追求夢想。「歷練的痛苦」不是成功要素，「知道自己禁得起挑戰」的韌性才有機會達成任何目標。要鍛鍊這樣的「金錢韌性」、擺脫稀缺心態，可以從「生存底線統計」做起。

　　【10 週打造致富體質行動清單】中的「生存底線統計」，建議大家花一段時間思考、填寫，順便藉由這個機會，解放對未來支出的焦慮、了解自己有多強大。

關於支出

請大家建立以下兩大原則：

● 每個月盡可能留下 10% 以上薪資當儲蓄，設定好自動轉帳，轉到一個沒有提款卡、沒有扣繳設定的帳戶。

● 如果有加薪，開銷額度最多增加至加薪幅度的 40%。

　　如果有特殊情況，例如負債、入不敷出、家裡負擔太大，也請別著急，後面我們會針對這些問題說明脫困步驟。

資產策略：
穩定財富基礎

把錢從一個處於防守、焦慮、
緊張和內疚根源的地方拿走，然後改造成進攻。
建立自動化系統並專注於如何用金錢讓自己過富裕的生活。
——拉米特・賽提（*Ramit Sethi, https://www.*
iwillteachyoutoberich.com/ 網站創辦人）

⑤ 什麼是資產？

　　我同意不斷將消費轉換成資產，可以大大增加財富自由的機會。但是我也必須要告訴大家一件事實：如果你追求的是超高淨值人群的級別，那就得讓自己的主動收入有突破性的增長，甚至進一步擁有自己的生意。

　　好消息是，如果你要的，只是讓自己能過得如閒雲野鶴一般，那麼只要能夠不斷釐清自己的生存所需、精神生活模式，加上長期投資（將現金換成會長期增值的資產，這我們後面章節會提到），每個月用 3 ～ 5,000 元台幣、定期定額三到五十年，還是可以有不錯的收益。

　　我們說過，很多主流的資產定義，認為要能帶來現金流才是資產，並且區分為固定資產、流動資產、動產、不動產等。其實這些分類方式，在我的理財體系裡，按照的就是：**1. 流動性、2. 資產的風險獲利等級（四桶金）**，來進行資產配置。所以在大量教學應用後，我也相信這是值得推薦給各位讀者的分類方式，以便進行日後的監控與管理。

　　而在此之外，因為我的財務哲學中心思想是：錢是為

了支持我們的理想人生。所以，我額外設置一個區塊，稱之為「隱形資產」。就像企業的品牌價值也是放在隱形資產一樣，就算還沒有個人品牌，我認為我們自己的天賦、喜歡花時間研究的事，以及很多大家放在夢想倉庫裡那些想做的、又符合**「三圈交集」**（**快樂、優勢、意義**，後續將在〈收入策略〉中細說）的事，都是隱形資產，因為那也是持續投入後，有可能創造收入的種子。

⑤ 三大視角的資產定義

以下我們快速整理三大視角的資產定義，包含了流動性、風險獲利等級與四桶金。

流動性

代表你能多快拿到這筆資金。現金當然是流動性最高的，其他就依序有別。例如保單、房地產等，就得用解約、變賣，或是抵押貸款方式，才能換回資金。

在我自己的成長環境，以及我看到的大多數人，都不喜歡貸款、借錢，但是我也必須告訴大家，請讓這些資金取得方式進入你的「武器庫」！因為在許多我們見到的高淨值人群身上，這是很稀鬆平常的資金取得方式（槓桿），更多說明我將在〈債務策略〉提及。

定義流動性的最大用處就是，能知道哪些錢可以滿足自己的不安全感，而哪些錢又能給它們更多時間去滾動，以及隨時知道自己能調用多少錢來應對突發狀況。

很多人以為富豪們就是擁有豪宅名車、銀行裡有一大

堆錢……這其實是天大的誤會。絕大多數富豪們的財富，都不是以現金方式存在，而是以能保值或增值的資產形式存在。舉例而言，幾度交替成為世界首富的特斯拉創辦人馬斯克，他的資產幾乎都是以股權方式存在。需要用錢時，只要拿著股權去銀行抵押貸款就可以了。

　　可能有人質疑，那為什麼常常動不動就聽到新聞說巴菲特的波克夏基金又開始留現金在手上，動不動就是一千多億？其實只要看他過去的投資方式，就能發現這些都是他的「投資預備資金」。他只要評估現在換成資產形式的風險，會比現金被通貨膨脹侵蝕的損失大，就會先拿回。與此同

由高到低的資金流動性

　①身上現金、活存
　②定存
　③股／債／外匯／加密貨幣
　④一般基金理財產品
　⑤投資型保單／可抵押保單
　⑥綁約型投資產品
　⑦已繳 50% 貸款以上房地產
　⑧未繳 50% 貸款以上房地產
　⑨公司股權（未上市）／一般保險。

時，他也在等著市場機會來臨，讓自己能在好時機大口咬下，用較低價格買進高價值的公司。歷史也證明，他後來大口咬下的那些投資，都幫他賺回更巨大的回報。

風險獲利等級

你的資產形式會有大小不等的潛在風險，也會有高低不等的潛在獲利。針對**風險獲利等級來做資產分配，最終就會形成你的資產配置**，而其中就也包含了投資組合——別看到這四個字，就覺得好像只有「有錢人」才需要！**就算你只有幾塊錢，也請開始做好投資組合的準備！**

投資有風險，但是因為恐懼而不敢投資，滿手現金的人，跟因為貪婪亂投資的人一樣，風險都是百分之百。

每一種資產存在形式，一定都有風險。這邊就不多加贅述風險係數、標準差、系統和非系統風險等。因為只要有接下來這些基本的概念，就算不去鑽研那些，也都可以有一定的成果。**寧願模糊的正確，也不要精準的錯誤！**在個人財務管理初期，覺得自己要學很多、很聰明、做很多功課才能夠開始，本身就是一個很大的誤區。這本書就是要給你足以開始的基礎認知，讓大家可以先開始，再慢慢精進。

流動性、風險、獲利是金融世界的「三頭馬車」，就

像專案管理的時間、預算、品質一樣，頂多只能兼顧兩個，這也是判別金融騙局的基本邏輯，如果某個投資號稱可以保本（低風險）、每個月給你錢（高流動性）、還能高於市場報酬（高獲利），那麼別懷疑，趕快停損、別再相信要投入更多才能把錢拿回來！

四桶金

綜上所述，這裡要大家開始使用的方法是第三個視角，將自己的錢分成四桶金，分別是保障型資金、防守型資金、進攻型資金，與樂透型資金（特攻隊資金）。

四桶金之一：保障型資金

保障型資金扮演的角色就是讓我們能夠沒有後顧之憂，目標前進的資金配置，所以包含了流動性最高的現金活存，以及突發狀況的保險理賠。我們要做的事是：準備六至十二個月的緊急備用金，以及滿足最低「有效劑量」的保險規劃。

畢竟現金／活存／定存也有風險，那就是通貨膨脹，而且百分之百發生。匯兌風險則是浮動的，而它的唯一獲利就只有無風險利率（銀行基本利率）。

　　假設用過去這兩年的通貨膨脹 4%、銀行基本利息 1% 計算，每放進 100 萬現金在銀行，每年就會因為通貨膨脹損失 4 − 1 = 3%，3 萬元。每 1,000 萬就有 30 萬蒸發，這已經逼近政府規定的國民最低薪資了。

　　所以**放在銀行的現金，一定是為了使用而存在，它絕非「儲蓄致富」的好去處**。我個人的習慣，在銀行的現金，最多不會放超過六個月的開銷金額。如果我的事業或工作有波動，或是轉型造成收入不穩定時，我就會存入大約一年的開銷金額。

　　這個開銷數字不單純只是「平均開銷 × 月數」，而是依據我和太太一起規劃未來六至十二個月要做的事所需要金額的「滾動預算」而來。

　　有了這筆錢，即便投資組合因為各種風險在短期內跌到谷底，我也不會因為生活需要得被迫認賠殺出。即使屋漏偏逢連夜雨，收入斷糧、股市大跌，我也不會因此得讓家人犧牲生活品質，還能有充足的時間靜待景氣回溫，甚至能為自己的下一份收入開始學習、做準備。

　　這裡要特別提醒的是，很多人會將自己的緊急備用金或是保險無限上綱地盲目增加。但這並不是理性的配置方式，充其量就是不安全感與恐懼在作祟。人類歷年來的所有進步，都脫離不了某些人願意犧牲一點安全感來追求創新，

從狩獵採集到農耕、從農耕到工業革命,甚至從我們這個時代的網路變革到人工智慧。如果你害怕錢不夠、擔心沒錢用,請回頭檢視滾動預算,並記住通貨膨脹將如何侵蝕你銀行帳上的現金。另外一邊,則是開始打造自己經過學習、深思熟慮後的投資組合。

四桶金之二:防守型資金

如果說保障型資金是要確保我們能活下來,那麼防守型資金就是要讓我們能打敗通貨膨脹,至少能跟緊大盤。只要世界不斷轉動、人們始終相信未來會更好並付諸努力,我們就也有理由相信,大盤會越來越好。這樣也才符合總體經濟價值不斷增加的基本邏輯。

常見的防守型資產有 ETF、高評級的債券、健康市場的房地產、房地產信託基金(REITs)等。

全球公認的股神——巴菲特曾說,當他離開人世,他會讓太太把九成錢都放到美國 S&P500 的 ETF 裡,因為長期來看,那確實是最穩健的,也相當於跟世界發展同進退了。大家可以想像全世界最頂尖的公司都會希望到美國上市(因為募資金額相對巨大、估值也比較高、市場結構也較為成熟穩定),而 S&P500 再從這些頂尖公司裡挑出五百家市值最高的公司打包。一旦公司有重大異常或是不符資格,就

會再汰舊換新，所以可以看到它是最大程度上不斷把最頂尖的公司收納其中的指數。相當於投資人同時擁有五百家最頂尖的公司，在為自己賣命工作。

四桶金之三：進攻型資金

對於「不想花太多時間學習、操作投資」的人，其實將大多數資產配置到防守型資金基本上已經足夠。但如果你發現你的財務目標與現況差距極大，那麼就可以考慮再多配置進攻型與樂透型資金。

進攻型資金，顧名思義是能超越防守型標的報酬的投資方式。最根本的差別在於，投資人開始投入時間精力去研究，而不是單純被動式投資。

在進攻型資金裡，切記一句來自巴菲特的合夥人、也是他人生導師——查理·蒙格的話：「你賺不到認知以外的錢。」也就是說，進攻絕對不是看到誰在電視上報明牌、在群組裡面要你快買快賣，就覺得跟著做肯定賺。或是看到電視新聞對於各種局勢加油添醋的報導，就覺得要趕快買進什麼公司、賣出什麼股票。請趕緊停止這種無謂的時間、精力與金錢的損耗。

在進攻型的投資裡，唯一的準則就是做自己有投入研究學習的投資。無論是技術分析、當沖、台股、美股、外

匯、黃金、高頻交易或選擇權、期貨等衍生型商品，甚至是
NFT、加密貨幣等新型態的資產等都算。

　　很多人可能會說：「Will，怎麼這裡有些項目聽起來很
危險？當沖、加密貨幣、NFT、期貨……看到很多人玩到傾
家蕩產，這樣還要投嗎？」

　　這是一個很棒的問題，只是這個問題的前提有些偏
頗。因為會問這些問題的人，資訊來源都是新聞媒體、報章
雜誌。凡是透過這些媒介獲得的資訊，就要考慮這些媒體的
商業考量，他們有他們的篩選方式、瀏覽量的壓力以及目標
閱聽觀眾的喜好。

　　我見過 2019 年股市大好，媒體對未來一派樂觀、天天
都有公司市值破新高，因此友人以借貸方式投入看似穩健的
ETF。結果隔年因為疫情大跌，媒體開始報導接下來全球將
面臨前所未有挑戰、需要多少多少年才能恢復……結果友人
又因此認賠殺出，差點傾家蕩產。

　　我也見過堅守紀律，在情緒、精力分配、停損都百分
之百按照原則執行的全職交易團隊。相識近十年，這個團隊
不管在外匯、期貨或是加密貨幣等領域，都有高於市場的穩
健表現，並且操作資本也不斷壯大，財富不斷累積。

　　因此我希望所有人知道，這個世界沒有危險的投資方

法，危險都是因為有貪婪無知的投機人。

　　那麼我自己的進攻型資金是以什麼為主呢？之後會在
〈槓桿你的被動收入〉章節中做更多說明。

四桶金之四：樂透型資金

　　投資商品不斷推陳出新，雖然根本邏輯就那一些，但
是也可以看到，隨著世界的發展，我們總會來到一個把眼前
能做的功課都做過、卻還不是很有信心的狀態。這種時候，
要決定投資會有點害怕，但是不行動，又害怕錯過。這該怎
麼辦呢？

　　第一，永遠不要擔心錯過。在我做了這麼多的投資案
例分析、關注了這麼多的市場情況後，我發現市場上最不缺
的就是機會。擔心錯過（FOMO, Fear Of Missing Out）會讓
人做出不理智的決策。取而代之的，我們要做的是確保自己
能驗證所學並且保持前進。用這個心態來面對新的投資決
策，更能保持理智，也能在進場時不因貪心投入太多、不因
害怕投入太少，並保持好的買進策略。出場的時候，也能不
因為恐懼認賠少而盲目衝出，並且能一再驗證自己持有買進
的理由，讓下次的買進更成功。

　　第二，「樂透型資金」這個名字，就是要你在購買這
些標的時，當成是在買樂透。我相信，就算昨天媽祖託夢要

你選總統⋯⋯啊不是，是跟你報樂透明牌多報了幾個數字，你也是口袋有多少錢就買多少，不太可能把房子拿去抵押貸款、傾家蕩產去包牌吧？（如果你會，真的要小心，媽祖不會要你這麼做的，相信我。）所以原則很簡單，① 就算虧了也不影響生活；② 就算沒賺也不會翻來覆去睡不著覺，哀號著說你應該選另外八個數字，或是要再見媽祖一面。

　　有這樣的認知就很清楚了，就算你是去賭場，覺得剛學會算牌，想要小試身手，只要能符合以上原則，我都會說這是「健康的投資」。就算你看到某個加密貨幣、NFT 很火、某個什麼概念股還是碳權興起，只要你心動了，即使市場上資訊不多，你還是可以先行投入，等獲得更多信息與反饋，你又能學到更多。例如我後來成為天使投資人，發現其實新創創業家都只有一個想法、幾張 PPT，幾乎不可能靠著做功課就有把握會投資成功！但是有了樂透基金的配置，我就能保持健康的心態，持續學習精進，並且能不患得患失，也給創業家們更多的正向支持、陪伴他們實現自己的夢想。

　　這與我們的投資自己也是相通的，不知道機構好不好，那就先做好預算學習，這樣就不會在學習的時候，為了盡快用所學變現，而忽略了那些能帶來長期成功的重要觀念或知識點。

　　隨著投入越來越多，可能你就會越來越了解，最後甚

至可以把這項投資移到你的「進攻型資金」裡，進行汰換更新，以確保你在這幾桶金裡的資產永遠是精英部隊。讓這些部隊，在你努力打造人生財富的同時，也努力為你打造成功的財務。

實際執行的時候，由於資金進行了配置，你會很需要一份「投資組合細項」。我也把這份表格放在線上工具模板裡面，讓你在填寫完後可以一目了然。

ⓢ 看不見的隱性資產

　　以上四桶金就是你的資產配置，防守、進攻、樂透基金就是你的投資組合。就算你現在覺得自己的錢很少，就像我當年一樣，銀行密碼六位數就為了保護戶頭裡四位數的幾千塊，也沒關係。

　　有了這四桶金在心裡，你就知道自己該往哪裡前進，也不會努力半天卻好像還是在原地踏步。記住！**你的第一桶金不是一百萬，而是你的緊急備用金**。因為從那開始，你就能逐步開始打造投資組合。

　　話說回來，你的資產配置、投資組合，都能為你帶來「財務市場」的回報，這些都是傳統定義的資產，我們暫且稱之「顯性資產」。但我發現跟「人生財富」更相關的，並不是你的資產或投資組合，而是來自於其他方面，也因此我的「隱形資產」定義應運而生。隱形資產就是日後為你帶來「幸福、快樂、成就感」、「擺脫退休」、「有人付錢給你享受」的主動收入潛在來源。包含了你的熱情、優勢、天賦、使命等。我們將在〈收入策略〉做更多說明。

債務策略：
生產型、便利型與
寄生蟲債務

負債不一定是壞事，
只要做好管理，不僅可以降低負債的風險，
還可以為公司或個人創造更高的價值。
——《好懂秒懂的財務思維課》

⑤ 常見的三種債務分類

　　因為從小在四處躲債、父母永遠在還債的環境下長大，我慢慢也有了「最好不要有負債、有債務就趕快還清」的想法。看到一般大眾、尤其是上一代傳遞的概念，也發現這確實是普遍存在的觀念。這樣的想法其實並無對錯，可能確實能讓人過得更輕鬆，但也僅止於沒有來自「負債」的壓力而已。從另一個角度來，我們可能因為這樣的概念讓自己錯過許多機會。

　　在自己還債時期，我研究了許多白手起家的富豪，發現原來這樣的想法大大限制了個人在財務上的成長動能。因為追根究柢，問題是出在我們對於債務的理解，而不是債務本身。我也相信，造船過河不如借船過河，當我們能善用借貸、槓桿，我們就有更大的機會，可能創造出原本企及不到的成果。

　　一般來說，負債通常可以被分為好負債、壞負債、爛負債，分別是：

好負債：

- 負債總額不到個人淨值的 75%，隨時可以還掉，償還後還有剩一些錢在身上。
- 借來是因為再利用的獲利能大於借錢成本（利息）。
- 每個月的還債金額占盈餘的 50% 以下。

壞負債：未考慮到上述原則，因無謂消費而產生的負債。

爛負債：高利、會拖垮人的高利貸。

　　然而，比起一般的「好負債」、「壞負債」，我更喜歡用「生產型債務」、「便利型債務」、「寄生蟲債務」來分類。接下來，我們一一說明這三大類債務的理解與應對，以開啟自己的財務增長之旅！

$\text{\textcircled{\$}}$ 生產型債務

　　這類債務的重點是能創造收益，實現「槓桿」的真正意義──**支付成本、換取更大的資本，來縮短獲利絕對值的時間**。例如，定期定額每個月 1 萬 2 千，以及一次借貸 100 萬、3% 利息分七年還，兩者都投入 S&P500，年化報酬率 10.7%（S&P500 過去五十年的平均年化報酬率）。

　　七年後，報酬差別會是多少？必須特別標記的是，定期定額第一年年底開始投入，第七年年末共經過六年。而貸款可以多一年複利，但也多一年利息。而貸款 100 萬、利息 3%、7 年期，本利攤還總利息約 10 萬 6 千，可用銀行試算器試算。

　　定期定額七年後：1,391,571

　　借貸七年後：2,037,198 －利息 106,000 ＝ 1,931,198

　　兩者差距近 50 萬，回報也超過 50%。

　　按照一樣模式，繼續定期定額十四年，槓桿者分別在第七年、第十四年貸款還完後，再投入兩筆 100 萬。則二十一年後的結果將分別為：991 萬、1464 萬。

▪ 定期定額與單筆投入比較表 ▪

	定期定額每月投入 **12,000** 元年化報酬率 **10.7%**	借貸 **100** 萬元利率 **3%**，分 **7** 年還清 **100** 萬元一次性投入，第七年、第十四年分別再投入	差額
七年總投入金額	12,000×12×7 = 1,008,000	1,000,000	
七年總收益	第一年本金 144,000×(1＋10.7%)^6＋ 第二年 144,000×(1＋10.7%)^5＋ 第三年 144,000×(1＋10.7%)^4＋ 第四年 144,000×(1＋10.7%)^3＋ 第五年 144,000×(1＋10.7%)^2＋ 第六年 144,000×(1＋10.7%)^1＋ 第七年 144,000×(1＋10.7%)^0 = 1,391,571	第一年年初貸 1,000,000× (1＋10.7%)^7－7 年本利攤還利息約 106,000 = 1,931,198	539,627
二十一年總入金額	12,000×12×21 = 3,024,000	1,000,000×3 = 3,000,000	24,000
二十一年總收益	第一年本金 144,000×(1+10.7%)^{20}＋ 第二年 144,000×(1+10.7%)^{19}＋ 第三年 144,000×(1+10.7%)^{18}＋…… 第二十一年 144,000×(1+10.7%)^0 = 9,911,259	1,000,000× (1+10.7%)^{21}＋ 1,000,000× (1+10.7%)^{14}＋ 1,000,000× (1+10.7%)^7 = 14,642,111	4,730,852

　　同樣是本金 300 萬，但是報酬超過一倍的本金！更別說我們在每月能投入的錢變多後，能增加貸款額度，或是另外降低利息以減少成本，形成的報酬差距會更巨大。

　　當然，這裡不是要大家都去槓桿投資，只是要闡述「生產型負債」的本質，所以不槓桿也沒有任何問題。需要大家記住的，反而是**投資這件事，就算沒有槓桿，單純定期定額，也一定比全部都儲蓄、完全不投資來得好很多。**

　　還債的規劃也是一樣的邏輯，很多人都很不喜歡看到負債，所以就很想趕快把負債還完，但卻忽略了負債也有好有壞。如果是消費債、卡費等，因為利率很高，趕快還完當然是最好。但在「提早還清之前」，其實我們也需要考慮機會成本。例如學貸與房貸的利率是相對低的，大概在 2% 左右，假設在能夠承擔每個月繳款的前提之下，若有一筆錢能每年創造超過 2% 的回報，那就是聰明、良好的槓桿。

　　還記得 Amy 的案例嗎？如果她拿到了額外 30 萬元的年終，是否需要先拿去還學貸呢？我們可以直接算一下。

　　如果她先還掉學貸，再開始定期定額買 ETF，還掉的負債總額是 30 萬（剩下一些利息）、總投入以每個月 3,000 元 ×12 個月 ×10 年，總金額是 360,000 元，年化報酬率 10.7%，回報預估約 593,363 元。

　　但如果她是把 30 萬拿來投入 ETF，年化 10.7%，十年後她能拿到 778,122 元，按月還債，一樣 3,000 元繳十年：3,000 元 ×12 個月 ×10 年，總金額是 360,000。雖然比起一次還完 30 萬，連本帶利多了 6 萬，但是回報來到了 829,082 元，比本來多了約 23 萬元！

　　配置「生產型負債」則有三大原則需要堅守，後續我們統稱「槓桿原則」。

原則 ①：月還款金額不大於 50% 盈餘

　　一旦開始借貸，對我們產生的最大影響，便是每個月會多出一筆額外的支出來還貸。而為了避免還貸壓力影響我們對於貸款資金的運用，原則就是要明確，並且穩固自己的收入、支出。例如收入 5 萬元，開銷 2 萬元，每月盈餘 3 萬元，借貸時就要考慮每月的還貸不要超過 1 萬 1 千元。這樣在還貸過程當中，也能確保自己能有餘裕儲蓄，持續增加自己的財務護城河。

原則 ②：貸款前先準備保障型資金

借貸後最大的壓力來自於，其他都能省，但是貸款就是得繳。正因為如此，常常讓人覺得自己被綁住、不敢隨便換工作、放棄薪水。

但我們的核心概念永遠是「用財務實現財富」，讓錢為我們工作，而不是要我們為了錢受苦，所以為了避免被這種「被綁架」的情況，最根本的做法就是在貸款前先做好自己的保障型資金配置。除了要有完善的保險規劃，也要將緊急備用金調整到以「包含還貸開支」為基數的六個月以上。例如每個月原本開銷 2 萬元，新增還貸 1 萬 5 千元，緊急備用金的每月基數就從 2 萬元提升到 3 萬 5 千元，總額也就從 12 萬增加到 21 萬。

這樣才能夠確保自己在轉換跑道，或是開始投入夢想事業時，有足夠的緩衝時間建構下一份收入，也降低放棄往夢想前進的可能性。更能避免在極端市場狀況時，因為急需用錢而被迫認賠殺出。

原則 ③：預期報酬率不可低於利息

借貸的利息說白了，就是我們使用銀行資金的成本，預期收益要大於支出，才有投入成本的必要。無論是產業分析、個股的基本面研究，或是量化交易、技術分析，也無論是股票、債券、外匯或是黃金，報酬率都是來自於自己對該投入的理解程度。

例如我們理解 S&P500 過去五十年來的長期年化報酬是10.7%，且成分股的所有公司都是頂尖企業。那麼在我們評估標的與自己的配置後，當資金可以符合自己預設報酬的投資策略（無論是頻繁交易或是長期持有），我們就能決定支付成本（利息），並取用這筆資金來投入。

另外還有「借貸總額不要超過自己淨值」的說法，其實這也是見仁見智，並且比例因人而異。當然淨值越高、生活品質開銷越大，確實將這樣的條件設定 50% 淨值納入槓桿原則，會是較為穩健的做法。但在我實際遇見的案例中，很多三十歲以下的社會新鮮人都背有學貸，如果要等到淨值為正，可能就還要額外存到學貸總額，這是很沒有效率的做法。也因此後來我調整成，只要符合保障型資金的資產，就能滿足槓桿的原則要求。

$ 便利型債務

　　便利型債務泛指能夠提供你方便使用資金的方式，例如信用卡、必要支出如保險年繳的無息分期、國外旅遊使用的回饋卡、各式聯名卡，或是平常同事朋友一起吃飯互相擋一下的開銷、江湖救急等。善用這類債務可以讓我們在面對必要開銷時，節省時間、精力，甚至是成本，也可能因此獲得一些額外的收益。

　　針對信用卡，坊間很多的優惠分析比較都是為了滿足這樣的目的。只是在使用這些便利工具時，也需要建立基本原則，以下是我的三個小原則。

原則 ①：一比一現金儲備

　　最能避免捨本逐末的方式，也就是每刷一塊錢，就轉一塊錢到繳款帳戶。「別因為打折而多買，要因為你需要，並且剛好碰到打折而採買」，面對雙十一、週年慶，我們聽過很多類似的告誡。很多人面對一件本來不需要的 1 萬元衣服，結果只因週年慶打六折，所以以為自己買了這件衣服是

省 4,000 元——其實根本是莫名其妙多花了 6,000 元。

面對眾多信用卡的點數回饋、購物金回饋、指定商家優惠、里程累積、額外服務等，最常見的就是為了 3 塊錢里程而多花 100 塊消費，最後形成第三種的「寄生蟲債務」。

為了避免這個現象，早期我會領出現金，每刷一筆，就把對應的金額拿出來放到繳款夾鏈袋裡。現在則是建議大家可以定期將未繳款金額 1 比 1 轉到繳款帳戶裡，現在銀行都能額外設定第二個數位銀行帳戶，無須手續費，也可以用手機執行，非常簡單好操作。

原則 ②：卡不在多、在精準

根據自己的生活所需去選擇信用卡，了解銀行提供的額外優惠，是最明智的使用方式。例如我常常需要在各個國家到處飛，我就選擇能累積里程的信用卡，而且最高級別的卡通常能有額外的接送機服務、海外消費回饋以及飛行相關保險，甚至有 3 ～ 6 千萬的航空意外險，還有一些特定的飯店消費折扣。

經過簡單計算，我可以省下超過信用卡年費的金額，當然就能開開心心地使用！

原則 ③：準時全額還清

　　因為便利，我們平常可能沒有注意到，但無論是卡債或是朋友來往的小錢，其實只要一個不小心就會釀成額外的巨大成本或損失。

　　信用卡循環利息的可怕程度，其實不亞於高利貸，因此務必避免只還「最低應繳金額」，因為未繳部分的循環利息，很有可能讓你繳的大半費用都沒還到本金。朋友之間的金錢往來更是如此，一旦對方覺得你是借錢不還的人，連本帶利還是小事，信任才是最難挽回的。

⑤ 寄生蟲債務

上述兩者之外的，基本上都可以算是寄生蟲債務——包含了大家比較常見的「壞債務」。只是壞債務通常強調的，都是我們因為非必要、單純欲望或衝動而造成的過度消費債務。例如明明本來的手機還能用，新 iPhone 一上市就衝去刷卡分期、買了再說——這就是典型的壞債務形成方式。但最可怕的不是這樣的債務本身，而是我們的消費心態與行為，那才是真正的寄生蟲。

在實務上，我看到更多人因為其他原因，例如父母親突然告知的債務、想幫家人朋友解套挺身而出，或不懂事簽了連帶保證人，結果產生不得已的情況。這些並非自己所願，甚至可能是出於好意的債務，往往伴隨著高到不合理的利率，以及壓得人喘不過氣的月付額，這些也在我的寄生蟲債務定義裡。

會特別這麼說，是要肯定這些人願意負責，甚至為了家人朋友付出。如果你因此深陷困境，也請不要自責或怪罪自己；更不需花時間力氣責備家人、朋友，我們要做的就是

專注於眼前的寄生蟲債務，並且把傷害降到最低。

重點是回歸債務分析，利率、月付額、綁約等，考量自己的每個月支出，用「還債三原則」來設定每個月最高還款額，再逐一跟債主協商。我希望這樣的事永遠不要發生到讀者們身上，但如果你已經深陷其中，也請相信自己：按部就班，按照上述原則，先創造每個月盈餘，延長年限、降低月付額，甚至做債務整合、協商等，一步一步執行，你一定能走出困境。

千萬不要覺得背債就矮人一截。一個人的財務狀況不代表一個人的失敗，不要用它定義自己。取而代之的，是用自己的願景定義自己，就如同你要畫出人生風景，財務只是你的畫筆。不因為畫筆有點狀況，就否定自我。生命中發生的這一切，都是讓你學會用更多方式畫出風景，也能幫助我們學會如何實現願景！

收入策略：
讓財富翻倍增長

每個不曾翩翩起舞的日子，
都是對生命最大的辜負。
每個想著趕快退休不幹的日子，
也都是在浪費珍貴的生命。

第 3 章　財富增長的財務四策略　185

⑤ 追求財務成功 vs. 追求人生財富

　　很多人認為，因為自己的專業背景是固定的、在同一個產業的年資也夠久了，所以在思考如何增加收入時，會相對狹隘地直接聯想到要靠「投資」或是「買樂透」來致富。這樣的想法本身沒什麼問題，只要目前的工作是他們喜歡的。可惜的是，很多人並不喜歡自己的工作。他們繼續從事相同的工作，單純是因為害怕沒有收入，所以即便每天抱怨著工作有多糟糕、待遇多差、同事主管多麼討人厭、工作內容多麼浪費生命，還是繼續去上班，這是很大的生命浪費。我希望能藉由接下來這個章節，讓大家用實現「人生財富」的視角，重新思考主動收入的可能，以及為了「人生財富」服務的被動收入途徑。

　　大多人提到主動收入，就是要跳槽、談加薪、討論熱門科系或是企業要什麼人才。在看到這些的時候，我都會特別小心。

　　我們的教育告訴我們，成績好一點、進到好大學、考上熱門科系就能進到大公司、找到好工作。有了好工作，只要拚命努力、奮鬥，就能升遷、加薪、提高待遇。在這樣的

環境下長大，我們以為這就是全部了。當時覺得，長大的意義就是工作，如果找到喜歡又高薪的工作，那是運氣好；工作如果讓自己很不開心，那最好先忍一忍，別太快離職，至少要讓履歷好看一點。

這一路上我們圍繞著「工作」來設計生活，好像只有到了「不需要去工作賺錢」的那天，才能開始過自己的人生。最可怕的是，我們下意識已經認為：工作就是工作，興趣就是興趣，兩者基本上沒有交集，只能用工作養興趣。而把興趣當工作，要不賺不到錢；要不失去樂趣。什麼夢想、熱情，都是痴人說夢。

大家會質疑，想把自己喜歡的事變成主業，是天真、幼稚，卻沒人質疑我們的教育制度和社會，其實根本沒有教我們怎麼過好人生。我們所受的教育、所有的主流價值觀，都只要求我們要有能力生存，而沒教我們如何活出有意義的人生。加上消費主義、社群媒體的推波助瀾，病態的現象一環扣著一環。單獨討論或妄想剁手、刪帳號來停止，根本就是不可能的事。做著自己不喜歡的工作、買著自己不需要的東西、展現給社交媒體上不認識的人看，逃避自己千瘡百孔的財務狀況與人生，這不是很悲哀嗎？

　　我們需要拿回定義人生的主控權，就從生存與生活的分辨開始。**求生存，再求發展**，這一點在國家建設上使用，在財務與打造主動收入上也同樣適用。

　　我不同意很多人為了追求熱情，就不顧一切把工作辭掉，然後連累家人或是自己三餐溫飽都有問題，因為這樣直接違背了第一個最重要的原則：先求生存，再求發展。

　　但也有更多人是生存無虞後，就一輩子安於現狀了，只要睡的床好一點、住的房子大一點或車子豪華一點。但我始終認為，物質能帶來的生活品質，絕對是有限的，也一定有邊際效益遞減的現象。這樣的人，要不深陷於無止境的比拚欲望之中，要不就是因為沒有安全感，總覺得沒有工作、沒有再賺更多錢，就會感到焦慮。

　　只是越是這樣，我們越可能只能賺到「財務」，或「生存」，錯過真正的「人生財富」。

⑤ 搞定主動收入結構，財富自己滾進來

　　要創造真正的人生財富，我們就要知道：財務與財富的分別，以及這世界的錢怎麼分配。這個世界的財富不是根據科系分配的，而是根據你能解決的問題有多大來分配的。你認為你的工作在解決多大的問題？你是在解決「能力背景」所及就能解決的問題，還是你也有真正想解決的問題？

　　不管現在想不想得到，先記住這件事，如果你有想解決的問題，而這個問題解決後，如果能造福越多人，你就能收穫越多財富。但解決問題的過程可能碰到更多阻礙、更多問題，延伸更多可能令常人更痛苦的時刻。所以，確保想解決的事對自己有意義，以及至少有一點熱情是很重要的。

　　聽起來很麻煩嗎？是不是想說，那就開始投資，早日退休吧！讓我來告訴你，為什麼主動收入結構要先搞定。如果沒有搞定主動收入結構，你可能賺到錢，但也很有可能賠掉一生。而從主動收入的內容開始，就算還沒賺到錢，你也開始賺到「財務自由」的人生了。我們將主動收入結構分三步驟說明。

步驟 ①：探索自己的財富因子

現代社會最普遍，也最不合理的追求就是「退休」。我很開心近幾年來開始看到有人提出「退而不休」、「第三人生」的概念，因為這才是讓人感覺「真正活著」的樣子。

所以要找到「熱情」嗎？——請別過度依賴「找到熱情」的想法！因為真正的熱情，有著越投入、越享受的特性，所以**熱情不能用「找」的，要用「做」的**。例如我喜歡分享學到的東西，隨著研究越多、分享越多內容、次數越多，就越熱愛分享這件事。

但光有熱情也是不夠的，因為很有可能是在自嗨。所以下個問題很重要，需要找到在你自嗨的同時，也能**幫助到別人，或是解決別人的問題**。這是讓你所享受、熱愛的事能夠帶來收入的關鍵。也就是我分享完後，大家是聽聽就算了，還是真的能有所啟發，甚至採取行動，來讓自己的人生也發生改變。而為了能讓這樣的改變發生，我自己也開始更加投入於教育、培訓、諮詢、教練技術、溝通、心理學等領域，來讓我熱愛的事也能真正為別人產生價值，甚至產生所謂的經濟效益。

　　而要找到這樣的方向，我最常建議大家用**「快樂」**、
「優勢」、**「意義」三個圈的交集來找，中間交集的，就是
財富因子**。我也很喜歡用「IKIGAI」的四個圈來檢視（這
是一個日文字的音譯，意思是「生之意義」），因為我相信
每個人都有自己的天賦使命，只有圍繞自己的天賦使命來推
進自己的事業，才有可能創造最大價值，才能用一輩子來累
積，而不是整天想著什麼時候才能退休。

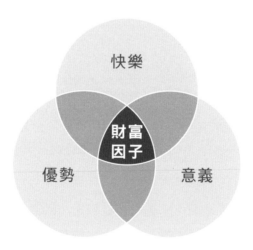

· IKIGAI 生之意義 ·

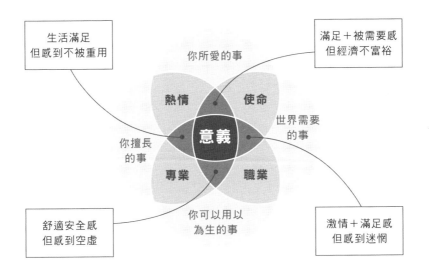

我們的真實人生無時不刻在發生，不是只有週末，或是退休、財務自由、公司上市、拿到世界冠軍，才是「人生」。因此最有效的努力方法，不是為了未來的某一天而活，而是現在就活出你理想中的未來樣貌。

別再被工作、被主流價值觀、被恐懼綁架你的時間、精力、注意力。我們真正應該忠誠的是自己的財富因子、天賦使命，而不只是對公司或老闆忠誠。

步驟 ② ：先求生存，再求發展

哇，如果做不喜歡的工作是浪費生命，那是不是趕緊辭掉工作去尋找熱情？但說實話——

① 就大多數人解讀工作、投入工作的態度與程度，根本沒資格評斷自己的工作到底有沒有意義。

② 誰說繼續工作跟尋找財富因子不能並行？

我不擔心一個人還在為了生存苦苦掙扎，我只擔心這樣的人會認為生存就是全部。但很可惜的，我們的教育制度就是這樣。

找到好工作、領到好薪水、談個好待遇，其實都只是「生存層面」的追求，因為在這個過程中，沒人考慮到你開不開心、快不快樂，而是認為你有了不錯的工作、職位、薪水，就應該知足、別那麼矯情。

總之，即使這份工作不見得是你最喜歡的，你還是有感激它的理由。它給了你生存條件，也給了你在生存之上，可以去挖掘尋找、學習發揮天賦使命的空間。

那我們如何定義生存？以下三點是我的生存定義。

① 盈餘線：每月盈餘達到 10% 收入。

② 緊急預備金：銀行裡的流動資金有六至十二個月的
　生活開支（含貸款）。

③ 保險：基本保險，涵蓋各種突發狀況的開支（醫
　療、意外、房屋、汽機車、旅平、工作、壽險）。

在還沒達到上述標準前，就先別想著要追尋熱情、夢
想了！因為你在遇到困難的時候，幾乎沒有任何緩衝能讓自
己堅持下去。這也是為什麼，越年輕越應該開始探索、追尋
熱情。因為儘管這時的收入沒有未來四、五十歲時那麼高，
但開銷與責任也低很多。一人飽全家飽的狀態，才最能夠橫
衝直撞、挑戰不可能。

到了一定年紀，父母已經退休、自己也成家生子，即
使收入成長，但同時開銷往往增加更多倍。舉例而言，你是
社會新鮮人時，薪資可能 3 萬 2 千元，但你的開銷可能可以
控制在 2 萬 5 千元。每個月有 7,000 的盈餘，已經遠遠超過
10%。就算你在還學貸、信貸，你依然要為自己能有這麼高
的儲蓄率感到驕傲。接下來就是讓自己盡快存到至少三～六
個月開銷（2 萬 5 千 ×3），並且在收入增加的同時，控制
自己的開銷幅度（開銷，不是投資）不要超過收入增長幅度
的 40%。只要能這麼做，我相信你就能活在不需要擔心財

務狀況的生活中，並且能夠有更多時間、精力與機會，去創造更多的收入。

　　而一位中年的一家之主，即使薪資來到了 15 萬，但是房貸、車貸、孩子教育、家用、孝親加一加，很有可能就達到 14 萬 3 千了。這個時候，就算一樣存下來 7,000 元，但因為每個月開銷太大，就需要更久的時間才能存到六個月的開銷（14 萬 3 千 ×6），也就需要更久時間才能有足夠的經濟護城河，來讓自己開始進行投資或找尋其他機會。否則他的任何套牢或是失去工作所造成的傷害，將遠遠高於社會新鮮人。這兩個例子正是「反脆弱」理論的最佳對照組。

　　生存就是生存，能活下來的最基本條件只要符合上述定義即可，其他的「買房」、「度假旅行」、「負債還清」等都先放一邊，否則將無限上綱。你將為了追求無止境的安全感而放棄遠高於安全感的理想人生，終其一生不斷說服自己知足、認命。

　　著名的物理學家曾經問過馬斯克，你怎麼有魄力去創造 Paypal、特斯拉和 SpaceX。馬斯克說，我大學的時候曾經做過一個實驗，看自己能不能用 1 美元生活。後來他去沃爾瑪買了 50 美分的散裝泡麵，發現自己確實能用 1 美元過一天，他確定了生存的底線為何，當然可以無所顧忌地去挑戰更遠大的目標願景。

　　無論你的理想人生是什麼樣子，我想我們都該知道，假設因為「安全感」的恐懼作祟，就很有可能為了現在一畝三分地的舒適圈，而不願跨出去追求更多。藉由理解我們實際的生存所需，我們才能夠辨別實際上有多少餘裕能夠拿來投入、創造想要的未來。

　　收入線－生存線＝你能拿來投資自己、創造未來的餘裕。所以收入越高、生存線越低、餘裕就越高，反脆弱能力也越強。反之，就算是高薪族群，當他們的生存成本很高，那麼他們的反脆弱能力反而不如薪資較低的人。這也是為什麼生活越簡單，其實擁有更大、更長期力量的原因——他們更能面對環境變化的衝擊，並且有更長的跑道、能支付更多的投入在打造未來，而不是單純鞏固現在。

　　收入線與生存線的概念，不僅適用於金錢的收入與花費，同樣適用於時間。當一個人為了生存、薪資，花費了大量的時間，那麼他當然只剩更少的時間來思考、探索自己想要的人生，最終形成被工作推著往前跑，每天都在忙，但不知道忙什麼的被動狀態。相反地，當一個人的生活越簡單、需要的錢越少或是能用更有效率的方式賺到生存所需的錢，他就有更多時間來探索、投入自己熱愛的事，進一步更早打造出自己的理想人生。

　　我不提倡因為衝動而丟辭職信的行為，但我相信在做好財務的基本配置、清晰自己的生存所需、有意識設定時間線後，我們都應該勇敢探索、設計自己的人生。

步驟 ③：打造自我投資的成長曲線

　　賺到更多錢的核心優勢來自於你**釐清生存與發展的界線**。求發展不是要你再去找一份更高薪的工作，而是朝著更能實現「人生財富」的方向前進；自我投資不再是盲目考證照學英文，而是真正能帶給你幸福感、成就感的成長途徑。

　　所以生存滿足了、熱情領域也模模糊糊找到了，接下來怎麼辦？我們可以設定一個小目標：**讓熱情領域收入達到目前的薪資水準。**

　　「哪有那麼簡單，我可是努力半天才能有現在的收入耶！」——這是恐懼驅動的想法。因為害怕失去現在所擁有的，所以即便不喜歡，也不斷讓自己忍受，躲在並不舒適的舒適圈裡。再者，急於求成、想要說換就換，希望馬上能有相應收入，那肯定也不容易。但如果你能給自己五年的時間呢？這就是我早期職涯每天在工廠裡面時的重要策略：

策略 ①　白天求生存、晚上求發展

有沒有相關領域的人,他們已經達到目標收入?如果有的話,他們是做什麼的?怎麼做到的?你不妨到相關領域找職缺,看看需要哪些技能、背景,從那些目前還缺乏的專業開始,為自己設計學習計畫。

我曾經以為,到 iPhone 工廠、派駐上海、拚命加班達到的年薪百萬,已經是很難突破的門檻。但後來我發現自己擁有講課、分享、諮詢的熱情,並且開始執行這樣的過程後,竟然產生了我原本想像不到的結果——每天不覺得在工作,卻在不知不覺中,光是憑講課就曾達到破億的年收。

策略 ②　圍繞財富因子打造收入結構

投入自己的興趣,一開始都需要花錢,所以一定會是負的,但這是必要過程。要是能達到每月薪資,也就解鎖了「免退休人生」。

在台灣的薪資環境下,我相信大家都能感覺到,目前選擇「創業」、「數位遊牧」或「一人公司」的機會成本都相對低。我們的上一代要是放棄薪水去創業,就相當於放棄了穩定的生活、相對優渥的待遇,甚至是用薪水買房的機會。但是現在的工作環境變化大、

企業本身面臨的挑戰也很嚴峻、不如以往穩定，保障相對來說已經變少。而薪資待遇成長幅度低、薪資已經負擔不起蛋黃區的房子，在這樣的情況之下，其實選擇創業所需要面臨的割捨壓力也比以往少，甚至未來的風險，說不定都比就業還要低。

尤其是現在個人品牌、一人公司興起，市場上有越來越多相應的資源、服務，讓大家能以更快、更方便的方式，打造自己的收入。我想這樣的趨勢只會越演越烈，未來的經濟結構極有可能就是由超大巨獸企業與奈米個人服務所組成。中小企業將需要更多的護城河，或是占據極其利基的市場才能有長期發展。

因此整個收入的核心概念，應該從「努力賺錢來過想過的生活」轉換成「如何做想做的事還能賺到錢」；「從因為我只會什麼，所以就做什麼」，轉換成「如果我想用那樣的方式賺錢，我應該開始學什麼？」

槓桿你的
被動收入

與其盡量找到買家而出售自己的時間和才華，
倒不如每日無時無刻，都有買家前來找你。
這就是「被動收入」的真義
——《實現財務自由的被動收入計畫》

$ 被動收入的真相

　　「被動收入」與「不勞而獲」之間有著非常模糊的界線。因為不理解這兩者的差別，我以前曾愚蠢地認為，有錢有閒的人都是剝削其他人，才有那樣的生活。直到後來我逐漸理解「被動收入」的真諦——如果你將自己的時間投入到有價值的地方，能夠獲得好的回報；那麼把錢投入到有價值的地方，你的錢也會帶給你巨大的回報。

　　正如同個人在有了長期目標之後，能夠圍繞目標持續學習、成長、累積，我們的**錢更能夠在每一次的增長之後，在已經增長的基礎之上再次增長，這就是複利的定義。**

　　也就是說，被動收入的來源本質是做好「槓桿」的設置，槓桿別人、槓桿別人的時間、槓桿別人的金錢。當我用一次性的槓桿設置，或是相較之下極少的投入來設置好槓桿點時，即使我是在吃飯、睡覺、洗澡、度假，也都能有收入。這時再回歸人生財富的定義：**我們要追求的，不是多還要再更多的被動收入，而是降低「沒有錢的干擾」**，一旦被動收入足以支撐我們人生財富所需，我們就能用其他方式回饋社會與世界了。

　　也因此被動收入不只來自於傳統定義的資產投資，不只是買房收房租、買股票、基金收股利、買債券收債息或甚至放貸收利息等，也可能是無形的發明專利收權利金、出書拍電影收版權費，或甚至是近年來盛行的內容創作，成為 YouTuber 收取相應的點擊收看獎勵費用。打造自己的事業、有團隊、體系、生態系統，來為自己創造源源不絕的收益當然也算。這是這個時代最美好的地方，每個人都有機會能夠藉由探索三圈交集的財富因子、不斷與世界無軌溝通，來知道什麼能對大眾或特定群眾產生價值，進而讓自己的熱情有經濟回報，並得以長期延續。

　　這些無形資產類別所創造的被動收入，都從我們在主動收入環節裡的三圈交集做起，我期待大家能開始探索，並在自己的財富因子道路上越走越遠。這裡我們就專注探索用「有形資產」來創造被動收入，也就是如何從前面提到的「資產配置」來打造「投資組合」。

　　知道被動收入的意義，對於如何創造被動收入至關重要。一切的核心，都應該圍繞著你要的生活，也就是你的「人生財富」打造。

　　理解被動收入的存在重點不是能多快拿到被動收入，而是知道我們不用再為了眼下「要多賺一點」而犧牲更重要

的財富。不用再努力勉強自己去讀「比較有前途的科系」，而是去探索自己的熱情；不用要求自己再拚命一點，而是去思考如何參與孩子的生活；不用再焦慮自己是不是也要再去考證照、上英文，而是優先考慮自己的身體健康；甚至不用擔心被公司放進黑名單，而能捍衛自己覺得正確的事。

當我們理解如何打造被動收入，也了解被動收入的長期複利威力，就能在確保基本生存之後，勇敢去探索自己的願景、按照自己的節奏生活，並且在當下活出你真正要的理想人生。

如果你知道自己其實只要每個月留下幾千塊，就能在未來創造出不愁吃穿的資產。你現在的生活工作狀態會有什麼不同？

$ 輸入「10.7%」的複利

　　如果你知道早晚自己都會成為億萬富翁，那麼現在你還會為了「錢」讓自己這麼辛苦嗎？是不是能重新定義「工作」這件事？圍繞「生活＋ 3,000 元」來安排自己的人生；以及圍繞著工作，但是可能得等退休才有機會實現的人生，你要選哪一個呢？

　　在用投資組合打造被動收入時，最常見到「三大積極陷阱」——**過度鑽研、過度保留以及過度操作**。其根本原因都來自於錢的稀缺心態，衍生的「貪婪」與「恐懼」——沒錢的想趕快賺到錢、有錢的又怕失去。一旦落入這樣的恐懼，就很可能掉進各種投機陷阱或是在股市被割韭菜，因為沒有辦法客觀評估「風險」或「獲利」之間的關係，往往就容易因恐懼而過度規避風險，或是因貪婪而過度追求獲利。結果在這兩者之中不斷消磨資金——而更重要的，是消磨自己的人生。

　　股神巴菲特曾經推薦過一本經典著作《掌握市場週期》，作者霍華・馬克思在裡頭提到：其實比起市場、總體

經濟的週期，人們對市場的情緒心態也是可以預期的，甚至在大量的回溯統計下，也可以觀察出其週期，形成他重要的投資判斷依據。

　　也就是說，當你不隨市場起舞，就能實現對於投資的降維打擊，其關鍵就是耐心與紀律。稍後的章節，我們將從根本原則開始來打造一個免疫的投資組合，讓你能掌握風險與獲利間的平衡。更重要的是，能有足夠的金錢支撐人生財富，也有足夠時間專注自己的人生願景。

三大積極陷阱

過度鑽研、過度保留、過度操作這三個積極陷阱，分別發生在開始投資的三個階段：

1. 開始前做功課太多，因為總覺得不夠而恐懼、遲遲不敢開始。
2. 終於要投入了，卻還是因為害怕，只放一點點錢因而沒有從實際的盈虧操作當中獲得經驗，導致「有投資好像也沒差」的認知。
3. 投入較多本金之後因為過度擔心，每天盯盤、一有風吹草動就要買進殺出。每個決定都很糾結、都依照市場資訊與情緒做決策，缺乏根本與依據。

⑤ 你不用全部弄懂才開始投資

　　有人聽了查理・蒙格所說的「你賺不到認知以外的錢」，便認為需要具備金融的專業背景才能夠開始投資；需要考證照、進到相關機構，才能真正明白全部的投資方法；甚至認為需要了解每個方法的理論、要有經驗、要有資金才能夠投資。

　　這是非常大的誤解，我不阻止大家因為興趣而了解更多，但是要從資本市場獲取報酬，就像你找工作一樣，不用把整個公司的所有業務流程都弄懂了，才能開始領薪水。你也沒有把大學的所有科系都讀過一遍，才出社會吧？

　　即便普遍大眾把「投資」領域看成是一個整體，在真正的投資市場裡，其實還細分很多領域，甚至每個領域的專業人士可能也不懂其他領域的情況與機會。這也是為什麼有許多人，寧願相信在銀行體系工作，甚至保險、證券體系裡的業務人員，但到最後卻依舊虧損。不是說這些人不專業、不好、要割你的韭菜，而是因為推廣投資產品是他們的工作，他們理解他們的產品，但不一定理解你的財務狀況，更別說要理解什麼才是適合你的「投資」。

　　因為過度迷信「用錢賺錢」等同於投資創造被動收入，所以反而花費了太多精力交易、盯盤、殺進殺出。這本身沒有任何問題，但這不就是主動收入的原則嗎？當你需要花費太多時間在這上面，它就不是被動收入來源了，而是主動收入來源。這時候你就要用「交易是不是我的財富因子」來檢視它，萬一不是的話，你的投資最後就不是享受精進成長的過程，而是希望哪一天賺夠了就可以不用再交易，這一樣是掉入了為了錢犧牲財富的陷阱裡。

⑤ 規避用錢賺錢的三大陷阱

要規避三大陷阱，就從以下三點開始：

① 了解個人財務目標與現況的差距

如果你想要從台灣到美國，那麼每天鑽研哪輛車開比較快、比較久，是沒有意義的，你該研究的是船或飛機。如果你想要的只是台北到台南，那麼因為不懂火箭而放棄，也是很愚蠢的。這個比喻聽來很荒謬，但每天都在發生，例如很多人的財務目標是 5,000 萬，卻不斷在月薪 3 萬的工作裡工於心計、拍馬屁、拉幫結伙搞小圈圈、想靠加班再賺更多是一樣的。又例如其實只要 2 ～ 3,000 萬就能滿足所需，卻整天抱怨自己不是馬雲兒子、不是郭台銘兒子，覺得此生無望，開始抱著「反正我再努力也不可能跟人家一樣有錢」的心態，過一天算一天地混日子。

所以，前面章節的功課要做啊！

② 針對性了解投資組合的組成

第一點要明確自己的需求，第二點則是從需求出發，掌握可以幫助自己達標的方法或工具。我很喜歡 GoodWhale App 的「財務計算器」，可以直接用它來計算根據我目前的本金、財務目標、每個月還能再投入多少錢、還能投入多少年等參數，算出我需要的年化報酬率。

下一步，我再根據這個年化報酬率去找相應的投資方式。例如，假設我需要的年化報酬率是 10%，那我就可以很簡單地投入穩健的區域型指數基金。但假設我需要的年化報酬率，必須達到 15%、20%，甚至 25%，那我就要去研究高報酬的方法，或是找團隊協助，同時藉由調配比例來控制我的整體風險。

例如價值投資的長期報酬為 15 ～ 25%，但我需要更高的報酬，我就可以配置 10% 資金在外匯的交易市場；當我有 80% 資金在價值投資、經過篩選的好公司時，遇到時局好，我的好公司部隊在大賺錢，搭配外匯配置停損是 30%，所以不管發生什麼事，頂多損失整體投資組合的 3%。就算遭遇市場空曠，例如 2022 整體市場下跌，我的價值投資短期曾經跌到 50% 以上，但與此同時，外匯的獲利則來到了 1100%，這時就能 cover 損失，還能保持獲利。

　　反觀大多人，在還沒有明確了解的情況下，就聽理專或電視名嘴說，這個最近很好、那個報酬更高；這個不能錯過、那個史上最有潛力，然後禁不起誘惑或是害怕錯過而買進。一來自己對標的本身的獲利水準沒有理解，二來下次理專說有更好的，就又再認賠重買……這樣反覆浪費時間、生命與金錢，賠了不知道如何處置、賺了還擔心不知道該不該獲利了結……這些都是無謂的心智浪費，甚至可能終結了你的被動收入旅途。

　　其實我每年花費在投資鑽研上不超過八小時，大概每個季度花個兩小時看看有沒有異常。剩下的就是按照既定策略嚴格執行，專注在自己的家庭、事業、生活等人生財富打造工程而已，而這也就來到了第三個重點。

③ 系統化學習

　　系統化學習是最節省時間、精力、金錢的方式，但請記住，實際執行也是系統化學習的一部分。在台灣，因為詐騙猖獗，除了很多人因而傾家蕩產之外，也讓很多想以投資教育為業的老師們，常因此被冠上詐騙的惡名——如果你不會說一個人教數學、教英文是詐騙，那麼就不該說一個教投資的人是詐騙。

　　我曾經上過至少二十門不同的投資課程，有的是教投資方法，有的教財商概念。無論教得好不好，我都不會因為自己可能沒有學到東西，而覺得不值得或是被騙。因為無論如何，這些教學者也付出了時間精力來整理他們的認知結構，並且在有限的時間內，將知道的一切分享給我們。

　　我不排除有心人士想藉此撈金潛逃，但也正因為如此，我更推薦大家尋找至少存在五年以上的老師或機構來學習。無論他們的負評有多少，至少他們經歷了五年仍存在，就已大大降低了風險。不同的投資方法有不同的專業、每一種投資方法裡也會有不同流派的老師，有預算就多上，沒有的話就找到評價最多、最好的去學習。只是無論向多少老師學習，請從第一次上課就開始行動，到真正的市場裡去學習經驗。你會發現，實際到市場裡歷練過後，再回頭複習課程內容，會有完全不同層級的收穫。

　　系統化學習的最大好處，是能夠在第一次完整學習課程後就能開始實戰。比起很多希望自己摸索的人，可以節省大量的時間、精力與金錢，並且能在實際執行過程中遵循數據，在最短時間內利用完整的框架來精進、迭代，並獲取有用的經驗，以便在最短時間內達到足以成熟討論、自己研究、進步的狀態。

　　永遠記住，最大的虧損，不是你帳面上能看到的，而

是你所錯過的、看不到的數字。所以趕快學習、趕快開始，
才有最高的成功機率。

那身為一個不是金融相關背景出身的人，有沒有成功
率最高的投資方法？

**後續要介紹的兩個方式，是目前依照門檻、成本、實
際的績效總結，提供給大家可以優先開始的投資方式，但不
代表我們就一定僅限於這兩者，或是要從中二選一。別忘
了**，小孩子才做選擇，身為已經讀到這裡的優質大人，你要
做的，應該是按照自己的財務目標現況差距，來加以主動打
造的投資組合。

我認為最適合一般人配置的，剛好就符合資產配置裡
定義的防守與進攻型資金。我也會從根本邏輯解釋為何這兩
者最適合大眾，並且基本上已經能滿足絕大多人在投資領域
所需的學習。

它們分別是：**價值投資和選股投入、穩定獲利。**

價值投資

「你獲得的結果有 80% 源自於你 20% 的活動。」
請把注意力集中在那 20% 的活動，
將其餘那 80% 擱在一旁。
——《複利的喜悅》

⑤ 股市獲利的三種方法

　　股神巴菲特曾說：「價格是你所付出的，價值是你所得到的。」這句話闡述了他的投資績效之所以歷久不衰的核心理念。

　　股票市場應該是所有人最觸手能及的投資方式，也因此在這個領域有很多神話、很多悲劇、很多嚮往，也有很多恐懼。而股市獲利的根本來源不外乎兩者：價差與股利。用形象的比喻，價差就像是 500 元買進小牛，牛長大了就賣3,000 元，賺 2,500 元價差。而股利就像是牛奶，重點不是小牛長大要賣掉，而是牠每天產牛奶賣錢。兩種獲利適合不同的資產情況，也應該依不同的財務目標來進行配置。

　　另外，在賺取價差的方式中，還存在另外一種獲利的可能，那就是買了小牛，隔天正好有其他人想用更高價來買，於是就用 1,000 元賣掉小牛，即使這隻小牛還沒長大，也為你帶來了獲利。

　　三種方式各有利弊，但顯而易見地，我們可以看到方法一與二的主要關注點在小牛本身。基本上只要確保小牛健

康成長，人類世界沒有發生重大災難、突然大家都買不起牛奶，就能擁有穩健的獲利。

　　但第三種方法就不是如此了，它更多關注小牛以外的世界，當下趨勢如何、大家可能會想買什麼、能夠持續多久、要趕快賣掉還是要……。比起原本關注小牛、定期看一下就好，第三種方法需要留意的面向更廣、資訊更新的頻率更高、投入尋找獲利機會與交易的時間也就越多。

$\textcircled{s}$ 如果你不適合頻繁交易

　　對於我這樣的人而言，第一種方法會更適合。因為我的本業並不是投資交易，那不是我的財富因子，我的時間必須用在我的財富因子上。

　　說到這裡，大家應該能聯想到我們實際在股市裡見到的投資人樣貌了。在台灣，主流的投資方式更傾向於第三種，也就是頻繁的交易，在小牛還沒有實質成長前，因為短暫的外部環境變化，例如政局、潮流、新聞、熱門話題，或甚至單純因為公眾人物的一句話，就造成小牛價格的漲跌，而非來自於小牛本身的成長。這樣的獲利模式，需要關注極多的歷史與當下的宏觀環境、細部的市場變化，甚至籌碼（大資金）的策略，現在也有非常多人從中尋找規律與變因，進一步用程式判讀做交易決策，甚至用 AI 進行自我學習來，不斷優化程式策略的績效。

　　我相信很多人跟我一樣，如果得花這些時間，或許寧可拿去運動、陪家人、度假或是閱讀；我也認為與其為了錢每天去鑽研這些，可能多寫些文章、多講兩堂課，自己會覺得更開心。剛開始學習投資的時候，我看到的書籍、課程幾

乎都在講 K 線、技術分析等。但開始投資之後，我很快就
虧得一塌糊塗！我發現自己沒辦法花這麼多時間盯盤、交
易，甚至懷疑自己是不是沒天賦？

　直到後來持續學習、建構了更完整的體系之後，我才
改變了自己的做法。我逐步打造團隊，讓一群對技術分析、
交易有熱情的夥伴，專注於研究，而我則是開始採用最適合
我的「**價值投資**」。

⑤ 價值投資能成就億萬身價？

　　如同一開始的比喻，把小牛看成公司，當我們能專注小牛本身能不能健康長大時，我們就不會太在乎短期內外在市場想用多少錢買賣。也因此，我們從極短的視角切換成了長期視野。「你擁有的不是一支股票，是一家公司！」這是為什麼我幾乎能確定所有人都能成就千萬身家、億萬身價的理由，但它同時也是為什麼這麼多人沒有辦法成就財富的根本原因。

　　巴菲特曾說：「有錢不難，難的是沒有人願意慢慢變有錢。」長期主義的耐心，與智力、背景、學歷、薪資、工作等都無關，就只是需要耐心，所以大家都有條件能做到。但現實狀況是，在人性的恐懼、貪婪、社會主流意識的消費主義和比較主義驅動之下，僅有極少數人能真的耐得住性子，保持簡單、定期檢視、長期持有。

　　回到小牛的例子，相信大家已經理解價格與價值的差別了。短期的外部市場行情是價格，而小牛本身的健康茁壯則是根本的價值所在。當我們用 500 元買進小牛時，假設明

天發布進出口經濟貿易政策，導致小牛價格跌到 450 元或漲到 550 元。短期交易者在這時候就進行買賣，開始有了盈虧。事實上每天都有各種原因可以造成價格漲跌，所以短期交易者有人賺、有人賠，日復一日。

　　那麼長期持有者的優勢呢？短期可能看不出來，因為沒有把小牛賣掉，就沒有實際的盈虧。但將時間拉長，當小牛慢慢長大後，絕對的優勢就出現了。

　　首先，成牛的價格行情基本就是 3,000 起跳，雖然成牛市場也有很多交易者，每天依舊因為環境各種變化，導致價格波動，一下子 2,700、一下子 3,300。但當我們買進小牛的成本是 500 元的時候，無論成牛的行情如何波動，我們幾乎不用擔心跌回 500 元。

　　在真實的市場裡，大家都知道「老人遛狗理論」：雖然價格短期內不斷波動，但長期來看，牠就像跟著主人外出散步一樣，終究圍繞著主人的路徑，偏離了還會回來。主人就是公司的基本面價值，小狗就是短期的價格波動。

　　對於像我一樣有自己喜歡做的事、不傾向於為了賺錢而整天埋頭在市場裡的人，這是一個天大的好消息。因為當我們持有好的標的越久，隨著它的成長，我們就越不需要去在意外部環境造成的短期價格變化，真正實現「越來越有

錢、也越來越有閒」！

　　反觀持續關注短期波動的人，隨著時間過去，他們未必有辦法建構這樣的條件，每天仍需花相同的時間精力去鑽研、關注市場變化，再進行交易，甚至可能隨著時間過去、標的越來越高價而壓力越來越大。也因此，我真心相信，除非交易本身就是你的三圈交集、財富因子，否則若只單純為了錢，那就會跟做一份自己不喜歡的工作一樣。隨著資金規模越來越大，就像職位越來越高，壓力更大、生活更緊繃，就算達到財務成功，也達不到財務自由。

選股投入、穩定獲利

足夠長的坡道、足夠溼潤的雪。

──巴菲特

ⓢ 保持穩定獲利心法

身為一般人，該如何開始長期複利投資？只要圍繞巴菲特描述「複利」的這句話就可以：「足夠長的坡道、足夠溼潤的雪。」

足夠長的坡道：長期持續的專注方向

將資金放在能穩健增長的標的，並長期持有，享受複利帶來的豐厚報酬。要達到這個目標，就要理解如何找到擁有護城河、能長期持有的穩健標的，而這個標的並不是單指抱著「一家公司」到老，而是不斷用對的方法判斷好的公司，不斷抱著「符合條件的公司」到老。

足夠溼潤的雪：長期持續地進行

比起「壓到寶一夕之間翻身」、「抓到低點一戰成名」、「眼光精準、重倉投入」、「破釜沉舟、孤注一擲」等英雄式的勵志故事，我相信秉持《原子習慣》書中所強調

的「長期複利習慣」，會更值得我們採用。

在投資領域裡，不乏希望能複製 2008 年看穿泡沫、放空市場、眾人皆醉我獨醒的麥可·貝瑞（Michael Burry）行徑，在短時間內，用犀利判斷獲得巨大利益。但實際上這樣的行為背後有很多條件，例如他是全職對沖基金經理人、他的資金夠大、他的抗壓性夠強，以及他的專業背景等，可複製性其實並不高。

比起全職投資人，更希望全職「生活」的我們，就如同前文所述，每個月投入 10% 收入到穩健的 ETF 中，只要時間夠長、人類文明不斷發展，我們就能坐享其成、靜待複利效應。更重要的是，也正因為如此，我們才有足夠空間好把握當下的時光，無須汲汲營營、犧牲家庭或健康。

試想，如果你已知道只要現在保持穩定投入，三十年後就能財務自由，那麼現在為了每個月多幾千塊的升遷、績效，做這麼多讓自己內耗的事，是否還值得？ 如果不喜歡自己的工作，那麼有沒有可能在保障生存與投資投入的前提下，開始探索熱情，甚至降薪、轉職到熱情領域？當我們願意在家庭、健康、熱情等領域每天也投入一點點「足夠溼潤的雪」，我想長此以往，那將是比起財務本身更令人嚮往的巨大財富！

　　經過十年的鑽研、經驗與實際案例，加上個人的經驗總結，我總結了最適合像我一樣普遍大眾的投資策略，也發現這是能應用在人生各領域的人生哲學。而所有人都能從以下三個步驟開始。

⑨ 穩定獲利心法 ① 對的跑道（產業、知識圈）

　　我們希望找到的是能一路暢行、朝著夢想人生前進的康莊大道，而不是一路向海的死路。假設路越來越窄，就算是藤原拓海也變藤原填海，這也是為什麼「方向」、「跑道」很重要。

　　這裡我們可以簡單分為「內在」的心之所向，以及「外在」的產業趨勢發展。就如同我們一直強調的概念，賺錢的最終目的是為我們的人生服務，所以最佳策略就是一開始就把理想的人生組成考慮進來。而這個部分，我們在投資時會採用「知識圈」的概念：我只關注我懂的、我有興趣的領域，絕對不碰自己不懂、不了解或研究起來很痛苦的領域。一般大眾可能過度關注外在的產業趨勢、總經局勢，忽略了用自己喜歡的方式去學習、探索，這將讓「投資」這件事請變得很難持續。

　　很多人認為應該大量鑽研產業期刊、分析報告，以了解外在的產業發展，其實大可不必！「寧願模糊的正確，也不要精準的錯誤！」太多人正是因為鑽研細部的報告，而忽略了大環境的方向，才讓自己錯過更大的報酬。例如，我們

知道人工智慧是趨勢，只是未來會發展成什麼樣子，確實還不清楚。但看到越來越多企業、資本、政府投入這個方向，我們至少可以知道，這個領域將有資源召集更多人才、開發更多技術與平台、解決更多問題、創造更多價值。那麼先找到 AI 領域的 ETF 買進，可能就是當下最好的做法。因為這就像是主要的政府、資本、人才、企業都跟你站在同一邊，所以只要「模糊的正確」就可以。

　　那什麼是精準的錯誤呢？就是在這個百家爭鳴的時期，硬要去鑽研出每家公司的技術分類、看每家公司的用戶數量、不挑出最放心的一家絕不投入。另外一種人則是不斷關注外部行情，想知道短期內什麼時候漲、什麼時候會盤整、什麼時候會跌而遲遲沒有投入，或是賺到蠅頭小利就獲利了結、想等下次下跌再進場。這些做法都很有可能看著股價越來越高，再也上不了車。更大的損失是，這個過程當中，耗費的大量時間不但只帶來很短期的有限回報，也錯過了這段時間本來可以好好生活的時光。

　　在我的人生願景裡，教育、運動、生活、家庭、健康是我最有熱情的幾個領域，也因此我會特別關注相關產業，例如運動用品、教育科技、健康醫療、人類未來的生活會是什麼樣子等，由此回推現在可能最需要關注的領域。這樣延

伸下來，就會發現有很多擁有可能前景的領域，這時就可以用外部的產業趨勢、政策方向，來排定優先順序。

　　例如，我們可以看到人口老化日益嚴重，所以健康醫療產業一定是越來越蓬勃。另一方面，也看到幾乎全世界政府將在 2030 ～ 2040 年全面推廣電動車，所以這也是一個重要方向。再來是人工智慧逐漸扮演越來越多角色，而半導體算是現代科技之母，所以投入半導體領域也是我會持續的長期投資。

　　以這樣的邏輯分析，就能找到更有發展潛能的公司。假設在一個發展有限的產業裡，任何一家公司要擴張，很大機率是要吃下競業對手的市場，這種情形最可能的發展結果，就是惡性競爭。而這類競爭很可能連帶影響整個產業的員工、供應鏈，甚至客戶、消費者。我們看過太多上市企業因為要追求帳面的績效，不得不做出短視的行為，而造成了更大的傷害。過去一、二十年大至 LED、LCD 領域，小到可能曇花一現的夾娃娃店，或是小時候看到的葡式蛋撻店，都是類似的情況。

　　反之，在一個越來越蓬勃的產業裡，企業本身的擴張主要得力於創造出符合市場成長的更多需求，自己擴張的同時，其他同業也同樣在增長，一起為世界的需求去創造更多收益。這種符合「反脆弱」原則的「反競爭」精神，不僅能

夠省下為了「打敗競爭者」而浪費的大量時間，更能進一步
整合資源、調動更多人才，一起來解決問題、提供價值，進
一步壯大企業本身、同時也讓所有投資者有所回報。

　　當我們沒有足夠多的時間進行投資，除了區域型的
ETF 以外，針對以上邏輯找到「風口產業」，再投入這些
產業的相關指數型基金，長期來看應該還是會比大盤好一
些。原因來自於「風險溢酬」，也就是我們關注的範圍越
小，其實分散風險的能力就越低，而能承擔風險的人能獲得
的報酬越高。例如在一樓擦窗戶跟在五十樓擦窗戶的時薪會
不一樣，但如果在五十樓擦窗戶時能做好安全措施，那得可
能跟在一樓時工作賺得一樣輕鬆。這也是為什麼這本書要分
享這些邏輯與方法，目的就是讓大家賺到更多風險溢酬的同
時，仍能有效控制風險。

　　當我們希望獲得更大報酬，我們可能要開始鎖定更細
部的個股，這就是接下來的章節了。

⑤ 穩定獲利心法 ② 對的車子（護城河）

　　當我們鎖定產業，也希望獲得比產業平均更高的報酬時，那就得思考如何在該產業找到那些最優質的公司。

　　在鎖定「優質」公司同時，別忘了，優質除了公司本身的表現以外，也要考慮進行這項投資時，能不能讓我們繼續保持「優質」的生活。

　　這就是「知識圈」的重要性了！因為外在很多節目、老師、分析師、新聞，都會報導「概念股」、「飆股」、「當紅炸子雞」等，讓很多盲從的人以為能跟買、趁機賺一波。但如果我們買入的理由只是因為這樣，買入之後往往會發現還沒有賺到錢，就先賠掉原本平靜的生活與情緒。因為無論結果如何，跌了，我們會開始恐懼；如果再看到任何負面消息，就更患得患失，不知道該忍痛賣掉，還是要加碼買入。最後就是什麼都不做，套牢在那裡。套住的不只是我們的資金，也是我們的決策、情緒以及對於投資領域的成長與學習。

　　反之，也常看到很多股海裡載浮載沉的人們，漲了之後不知道該不該賣，不賣害怕明天跌，跌了又進到上面的循

環；賣了又擔心明天繼續漲，如果少賺了就太可惜了。甚至很多人明明賺了錢卻還是不開心，只因為看到隔壁鄰居晚了幾天賣，賺得比自己多。

　　每當我看到這種現象，就可以判斷這些人無論投資成果如何，他們都很難享受人生的財富。因為他們把自己的快樂寄託在自己完全不能掌握的外在世界，而非關注自己能做什麼、能怎麼解讀這個世界發生的事，並從中學習。

　　那什麼是**知識圈**呢？說白了，就是至少知道公司是靠賣什麼賺錢。如果可以知道這家公司是靠什麼賺錢的、提供什麼服務或產品，而且自己還親自使用過，那就更好了。因為光是這樣我們就可以了解，在股市動盪的時候，我們是不是仍然在使用這間公司的產品？一般大眾是不是還在消費？長期來看就能知道，即便短期的股價動盪，公司本身營運還是正常的，甚至還是賺錢的，那我們就不需要擔心太多，也不用隨著媒體或社群意見而感到恐慌或焦慮。

　　很多人會覺得，要找到很棒的公司很困難，因為涉及到什麼數字啊、專業分析啊之類的。但我要直接跟所有讀者們說：基本上不用！想要研究透徹是非常困難的，但研究到「可以從中獲利」，其實只要「模糊的正確」就可以。也就是說，我們只要掌握最關鍵的要素就行了。

　　什麼叫關鍵要素？我們可以分成兩大類來看：第一個叫做「質化分析」，第二個叫「量化分析」。無論是再怎麼專業的分析師、經理人，他們的分析也都是分成這兩大類。不管是投資分析、產業分析、公開說明書等，一定都是從這兩類來進行分析，而分析的對象，分別是**風險與潛力**。

　　質化就是不能夠用數字量化的部分，前面提到的知識圈就是一種質化分析的切入角度，而潛力部分則是學習辨識「護城河」，包含管理層、產業技術優勢、利基市場、效率價格優勢、轉換成本優勢、品牌優勢等，每家公司的官網一定會有這類財務報表，不妨去看看管理層的陳述。他們當然會老王賣瓜，但是多看幾家就知道，這比我們單純相信報章雜誌或是媒體的二手資訊來得有價值。

　　你也可以觀察管理層是不是值得信賴？因為當我們決定投資，就代表管理層的才華、努力，都是在為我們創造收益！我們可以從他們在財報當中去觀察，他們說的，有沒有做到？有沒有去執行？甚至很多偉大的領導人像蘋果的庫克、馬斯克、亞馬遜的貝佐斯等，我們也都可以看到很多他們的個人故事，以及為什麼他們的企業會長成這個樣子？是以客戶為重、以產品為重、以回饋社會為主，還是以股東報酬為主？這些都能幫助我們做出更全面的質化分析。

　　風險方面，很多人會從學術的系統風險、非系統風險

等角度來看待。以個人角度來說，我傾向使用最容易發生且最致命的要素來觀察就可以。因為系統風險雖然很難避免，但我們已用長期主義來淡化；而非系統風險很難精準判斷，我們也已經藉由分散標的來降低。再做更多標準差、風險係數的計算，對個人而言，邊際效益太低了——多做很多工作，但是報酬卻不會等比例增加。而質化風險，主要只觀察政策風險、通膨風險、科技風險以及關鍵人物風險就好。

政策風險

　　舉例來說，對於政治經濟比較不熟悉、資訊比較沒辦法掌握的國家，我就不傾向去投資，例如印度、越南，都是成長很快的市場，但是因為我與團隊仍然沒有能力去理解當地的文字、語言、政策等，無論它有多麼大的前景、其他人炒得多熱，我們都不考慮。

通膨風險

　　通膨風險則是考驗了隨著物價、通膨、利率的增加，資金本身的成本，以及產品利潤會面臨的壓力。例如當一家公司的品牌定位是以價格競爭為主，但其本身卻沒辦法用更

好的技術、更高效的營運來有效降低成本，導致只要原物料一上漲，就要擔心漲價了會失去客戶；而不漲價又將導致公司虧損……。很多傳統餐廳甚至航空業，都面對到類似的窘境，我們也就敬而遠之。

科技風險

　　科技風險聽起來似乎要時時關注前沿資訊、確保公司不會被淘汰，但其實不需要這麼累。因為我們只關注「知識圈」內的，所以一定是我們理解或是有興趣的領域。在這種時候，其實看的反而是管理層對於新興科技的看法與態度。我傾向於選擇那種能夠保持開放、擁抱新技術、新科技的企業，而不是採取反對、保守策略的企業。

　　舉例來說，廣播電台面對 Podcast，可以選擇站在制高點批評 Podcast 不專業、品質良莠不齊；也可以另闢賽道，用聲音媒體的專業在 Podcast 的領域裡，吸引到更多聽眾。這基本上就決定了科技風險對企業本身的影響，是好還是不好的。

關鍵人物風險

最後的「關鍵人物風險」，例如對於一家醫院來說，醫生是最重要的，一旦醫生們罷工，醫院就沒有辦法繼續運營。從這個角度來看，雖然醫生更專業、更需要門檻，大家都想讀書當醫生，但身為投資者，我可能更傾向去選擇麥當勞。因為當麥當勞的員工們罷工之後，只要招募新的員工進來培訓，很快又可以正常營運。這種因為關鍵人物而引發的停擺風險，就低很多。

比起質化分析，量化分析就簡單直白得多。例如所謂的估值比例、公司的基本財報表現等，都會在財報上呈現。而基本上只要看四個最簡單的數字就好：

1. **淨利潤**：可以的話最好能看到過去五年都在上漲。
2. **收益品質**：賺的錢跟營收比例高低，也就是企業收款的能力。收款能力決定了在極端市場環境的時候，公司有沒有可能斷糧，或導致黑字倒閉（公司有盈利有資產，但是沒有現金可付薪水了）。
3. **股本回報率**：每投入一塊錢，我可以回收多少。利用巴菲特喜歡的「杜邦分析法」，就能從股本回報率去看公司的營運情況，反推出在一樣的股本回報

率當中，誰更健康、更值得投入。我們要求最少都
要達到 10 ～ 15% 以上。

4. **負債比率**：目前企業的債務跟資產的比例，大於 1
   就是負債大於資產，小於 1 就是資產大於負債，盡
   可能找 0.8 以下的。

藉由這四個指標，可以看到這家公司是賺還是虧、賺
錢品質是好的還是不好的、常常要很久才能收到帳，還是其
實是靠業外收入、本業反而沒什麼賺到錢。或是它資金的回
報率，例如用巴菲特講的杜邦分析法，可以從中看到很多的
潛力或風險，以及最後一個觀察的要點：負債比例，讓我們
可以大概知道這家公司是不是債台高築。

這些就是在檢視公司質化與量化的關鍵指標，當我們
能在投入第一筆錢之前，先做到至少 7 ～ 8 分，我相信勝率
都會有非常大的提升。

$ 穩定獲利心法 ③ 對的配置（水平、垂直）

在配置方面，分別用水平與垂直兩個角度來進行，不僅有效降低風險，也有利於進可攻 —— 掌握獲利機會；退可守——保持低迷時的穩健。

水平配置（幾桶金）

「水平配置」就是一開始我們在資產成長策略上面提到的保障、防守、進攻以及樂透四大桶基金。

保障型資金讓我們在投資路上，不會因為生活而被迫把投資組合賣掉，避免還沒有等到它賺錢，或是因為短暫的下行，就浪費掉賺錢的機會。所以保障基金，就是要保障我們的投資組合可以心無旁騖地專注在增長上。而防守跟進攻的拿捏，則會是以自己的財務目標與財務現況的差距來評估，以便分配比例。

假設你還有好幾十年的投資時間，而財務現況離目標差距在 1、2 億，那麼防守和進攻的配置可能可以是 1 比 1。如果需要更大的力道來讓資金成長的話，就要把進攻型

的比例調高。假設現在是在退休狀態，我可能就會依照現有資金去進行防守型的配置，達到錢不變少，又可以有足夠的被動收入來支撐生活費。這樣就算資產沒有大幅增長，也已經達到投資目的了。

　　最後，如果看到最近非常夯飆股什麼的，我們雖然還不夠了解但是很心動，與其忍住不買，不如就用「樂透基金」買，就算尚未理解透徹也還是可以參與。這時候，就算是錯誤的標的，也是一個正確的投資決定。可是如果因為一時心動、忽略紀律，腦充血買多了或是 All-in，那就是個人的問題了。

　　這就是水平配置的進行方式。可以看到分成四桶金之後，每一桶金再分散標的，當個別公司表現不好，我們也能有效地用其他表現好的效益 cover，以降低非系統風險。

垂直配置（時間、分批買進）

　　垂直配置要做到的則是即便我看準了標的，也不能一次就把現有的錢全部買完。也就是就算小到同一桶金裡的同一個標的，一樣不能一次把配置買完，要做到所謂的「分批買進」。

　　為什麼要分批買進呢？因為股市是瞬息萬變的，藉由

分批買入，可以再進一步降低所謂的系統風險，並可能讓我們的耐心獲得巨大報酬。長期的定期定額，就是一種分批買進的方式，目的是不希望在一次買進的過程中，就只能夠把它放在那裡。如果今天漲了，可以緩一點點再買；如果跌了的話，還有錢可以加大力度買進、攤低成本。

　　所以舉個簡單的例子，全世界所有私募基金、大型的投行，他們在進行投資標的的時候，都一定會保留所謂的「銀色子彈」。這個「銀色子彈」就是只有在股市來到極端狀況的時候，才會打出去。

　　例如橡木基金的馬克‧霍華德，在 2007 ～ 2008 年的金融危機時，連續十多個星期買入數億美元的債券。不是一次買，而是買了看到跌、跌了再買，直到把資金用完。後來景氣回溫時，當時投入的報酬保守估計都將近 1000%。這說明了分批的重要性，以及很重要的「前期判斷」。大家不必覺得這是大資金才能做到的事，就算我們只有一萬元，也照樣能進行分批買進。

　　通常會建議大家，將每個標的資金分成 3 ～ 5 批，每一批 10 ～ 20%，最後的 30% 當作銀色子彈。假設手邊有 100 萬要投資（已經準備好保障型資金為前提）。我會分配 1 萬元在樂透型資金，剩下的 30% 投入防守型資金，另外的 70% 放進進攻型資金。

　　為了方便計算，我們先忽略樂透型資金，把 100 萬元分配成 30 萬元的防守型資金與 70 萬元的進攻型資金。30 萬的防守型資金分別投入三個標的，70 萬的基金也分別投入到五個標的。

　　第一次買進的時候，我可能只會配置 1 萬元到每個標的；第二次開始可能每次配置 2 萬元，一直到最後剩下 28 萬（將近 30%）的時候，就先保留這筆「銀色子彈」基金。

　　然而這並不是代表投到只剩下 28 萬元時就不能再動了。別忘記我們每個月都還有盈餘會補充到投資基金裡，所以每半年或一年的時間，我們的整體資金增加了，每一個投資標的可以投入的金額也會增加，之後再按照等比例加上去就可以了。

　　這就是垂直配置，這樣即便發生了不可預測、無法避免的黑天鵝或是系統風險，我們也能確保在已經買入的投資組合跌到谷底的時候，自己手上還能有資金逢低買進。當然，不用追求買在「最低點」，只要能買在極端行情裡任何一個比平常都還低的價位，長期來看就都是很棒的報酬。

　　綜合上述，我們的風險已經藉由這一連串的做法降到最低。水平配置最大化規避了非系統風險，垂直配置也大大降低了系統風險的傷害，甚至化危機為大進補的轉機。

▪ 分批買進示意表 ▪

投資階段	防守型資金 （30%）	進攻型資金 （70%）	剩餘資金
第一次買進	標的 A：1 萬 標的 B：1 萬 標的 C：1 萬	標的 D：1 萬 標的 E：1 萬 標的 F：1 萬 標的 G：1 萬 標的 H：1 萬	92 萬
第二次買進	標的 A：+2 萬 標的 B：+2 萬 標的 C：+2 萬	標的 D：+2 萬 標的 E：+2 萬 標的 F：+2 萬 標的 G：+2 萬 標的 H：+2 萬	76 萬
第三次買進	標的 A：+2 萬 標的 B：+2 萬 標的 C：+2 萬	標的 D：+2 萬 標的 E：+2 萬 標的 F：+2 萬 標的 G：+2 萬 標的 H：+2 萬	60 萬
第四次買進	標的 A：+2 萬 標的 B：+2 萬 標的 C：+2 萬	標的 D：+2 萬 標的 E：+2 萬 標的 F：+2 萬 標的 G：+2 萬 標的 H：+2 萬	44 萬
第五次買進	標的 A：+2 萬 標的 B：+2 萬 標的 C：+2 萬	標的 D：+2 萬 標的 E：+2 萬 標的 F：+2 萬 標的 G：+2 萬 標的 H：+2 萬	28 萬 ＊保留作銀色 子彈
投資金額合計	27	45	

註：每個標的的第二次買進不一定在同一個時間發生。

操作心法
大總結

投資成功，
你不需要有過人的智力、才華，
你只要有耐心。
——查理·蒙格

⑤ 分散風險的真意：聚寶盆投資法

　　大家都聽過「雞蛋不要放在同一個籃子裡」，但是我發現，雖然很多人知道這個道理，做法卻錯得離譜。他們怎麼做呢？去買一個沒有聽過的基金，就因為這個基金說它可以避險。後面再投一大堆聽都沒聽過的標的，就像是乾脆眼睛一閉，把錢丟到五十家、一百家標的上面去。

　　我們需要釐清的是，「分散風險」不等於「分散投資」。很多人確實有做到分散投資，但卻不停堆積風險。如果你連這個籃子有沒有破都不知道，就把錢丟進去、把雞蛋扔進去，這不是很恐怖的舉動嗎？雞蛋不要放在同一個籃子，但正確的做法該怎麼做？

　　先從有內外在交集的產業裡，去羅列五百家知識圈清單，再來經過質化、量化分析，逐步篩選。

　　例如先看護城河，可能就刪掉一百五十家，剩下三百五十家。下一步看可能風險，可能再刪掉一百家，剩下兩百五十家，接著看它的淨利、收益品質，再刪掉一百家，剩下一百五十家，再看股本回報率、債務比例，再扣掉一百家，

最後剩下五十家。這五十家基本上都通過我們的標準了，那下一步就是進入「終極致富清單」裡開始估值，我們再從中挑出覺得最有信心、最穩健的五～十五家，那就是可以投入的公司。

大家應該發現了，這樣不僅僅是沒有放在同個籃子裡，還放到精挑細選出來的公司，就跟「**聚寶盆**」一樣了！這時就可以按照「**垂直配置**」的設定條件，逐步投入資金，例如用恐懼貪婪指數、S&P500 的本益比、公司本身的估值，與股價的高低估安全邊際等，來決定要投入多少比例的資金，同時也保留最後的「銀色子彈」。

我相信，各位讀者讀到這裡，都能感覺到這樣分析過的每一個投資決策，除了能大大提升勝率外，也讓自己能睡得更安穩。這才是投資從一開始，就算還沒有賺到錢之前，也應該帶給我們的品質。

也因此，比起量化指標的一翻兩瞪眼，在很多人提及評估質化標準時，如果很難判斷到底有沒有通過檢驗、有沒有護城河，該不該往下走，我的建議是：只要有任何不確定的，就先刪掉。因為我們要的不只是能賺到錢，也要賺到踏實的生活。就算僥倖投了一家不確定的公司可能賺到錢，但一定賠掉過程當中患得患失、提心吊膽的日子。另外也不用擔心看半天，卻發現沒有任何一家 OK，因為隨著看的公司

多了，大家都會慢慢學會，就能開始拿捏判斷標準。如果想
知道專業或有經驗的投資人如何看，也可以到 GoodWhale
社群訂閱定期的公司分析或趨勢資訊。

⑤ 區域型指數型基金的優勢

　　股神巴菲特曾經說過，他去世之後會請夫人將九成資產都轉移到 S&P500 的 ETF 上，因為對於不熟悉投資的人而言，這是最簡單、穩健的投資方式。

　　為什麼簡單穩健？因為這類型的區域指數基金，是由一個市場裡最頂尖的那些公司組成。隨著時間過去，有的公司被淘汰，新的公司會被納入，永遠保持「只有最頂尖公司在投資組合裡」的狀態。

　　而這個投資的基本假設只有一個，就是對長期的未來是有信心的。只要人類的科技、經濟不斷發展進步，那麼頂尖企業們的未來也會不斷發展。隨著科技進步、人口增加，消費的人越來越多，衍生的產品、服務種類、數量也越來越多，公司的營收就會增加，這就是最基本的邏輯。

　　而無論什麼行情，一些公司虧錢的同時，也一定有某些公司賺錢，所以 ETF 就起到了分散風險的作用。而根據過去五十年的 S&P500 實際表現來看，其年化報酬率是 10.7%，所以一樣是滾雪球的概念。足夠長的坡道、足夠溼潤的雪，代表著只要時間拉得夠長、就算只有小錢不斷投

入，也能在最後有巨大的報酬。而更重要的，是在這四十年之間，基本上我們可以不用為了錢去過度擔憂，把生活硬是切割成工作賺錢及生活，而是以自己喜歡的生活為主，來設計自己認為有意義的工作內容與型態。

⑤ 長期複利，妙不可言

　　這樣的投資方式比較偏向於防守，原因是它需要的時間很長，或者資金很大，才能擁有「有感的報酬」。所以，我非常建議年輕人，越早開始越好，P248 的表是分別從二十歲到四十歲、定期定額 3,000 元投入到七十歲的報酬。可以看到，每天不會造成太大壓力的 100 多元，長期投入仍能保持正常生活、也不需想著賣掉；25 歲開始投入，到 70 歲就能有千萬、億萬身家。這裡我們該思考的是：假設每天100 多元就遲早能成為億萬富翁，為什麼我們要為了那看似多一點的薪水去做不喜歡的事，為何不現在朝自己的熱情前進、哪怕收入少一點？

　　巴菲特之所以會這樣建議夫人，就是因為他們的資金夠大，有絕對數字的優勢。2023 年的巴菲特，身價將近1,200 億美元。我們取 1,000 億計算，其實就算只有 5%，每年也都有 50 億美元的被動收入！

　　當資金來到一定體量，投資組合將有許多考量，整體策略也會傾向於保守，通常報酬率落在 15 ～ 25% 就已經是頂尖的表現，例如巴菲特的波克夏過去數十年的平均年化來

到 15% 以上，是非常驚人的數字。但這不表示我們不可能獲得更高報酬。因為資金小，我們可以更大膽地配置；因為年輕，所以能承擔的風險也更高。正因為如此，我更鼓勵年輕人多強化「進攻型標的」的學習，或是嘗試用樂透基金去探索新領域。

許多人因為買了基金產品、保險產品而虧錢贖回，或是遲遲沒辦法回本；也有人因為每個月支出太多，導致最後只能認賠、支付違約金等，追根究柢都是因為不了解投資產品。更重要的是他們也不了解自己的財務目標、現況，以及應該如何規劃自己的資產。

經過驗證，最適合不以投資為本業，或是一般大眾最容易成功的投資策略，就是「足夠長的坡道、足夠溼潤的雪」這個原則。以長期複利主義而言，這個原則對於人生的各個領域都同樣適用，妙不可言。

查理·蒙格提到，投資成功，你不需要有過人的智力、才華，你只要有耐心。而有耐心的人，便具備了完全不平等的絕對優勢。

▪ 定期定額每月 3000 至 70 歲總報酬 ▪

開始投資歲數	S&P500 歷史年化報酬 10.7%	巴菲特 BRK 歷史年化報酬 19%	頂尖公司 歷史年化報酬 15%
20	NT$59,704,478	NT$1,350,153,008.26	NT$298,849,453.88
21	NT$53,901,064	NT$1,134,552,107.79	NT$259,837,785.98
22	NT$48,658,595	NT$953,374,880.49	NT$225,914,596.50
23	NT$43,922,850	NT$801,125,109.66	NT$196,416,170.87
24	NT$39,644,851	NT$673,184,125.76	NT$170,765,365.98
25	NT$35,780,353	NT$565,670,693.92	NT$148,460,318.24
26	NT$32,289,388	NT$475,323,272.20	NT$129,064,624.56
27	NT$29,135,852	NT$399,401,069.08	NT$112,198,803.96
28	NT$26,287,129	NT$335,600,898.38	NT$97,532,873.01
29	NT$23,713,757	NT$281,987,309.57	NT$84,779,889.57
30	NT$21,389,121	NT$236,933,873.58	NT$73,690,338.76
31	NT$19,289,179	NT$199,073,843.35	NT$64,047,251.10
32	NT$17,392,212	NT$167,258,691.89	NT$55,661,957.48
33	NT$15,678,602	NT$140,523,270.50	NT$48,370,397.80
34	NT$14,130,625	NT$118,056,529.83	NT$42,029,911.13
35	NT$12,732,272	NT$99,176,915.82	NT$36,516,444.46
36	NT$11,469,080	NT$83,311,693.97	NT$31,722,125.62
37	NT$10,327,986	NT$69,979,574.76	NT$27,553,152.71
38	NT$9,297,187	NT$58,776,113.25	NT$23,927,958.88
39	NT$8,366,023	NT$49,361,439.70	NT$20,775,616.42
40	NT$7,524,862	NT$41,449,949.33	NT$18,034,449.06

$ 你不需要明牌

結合上述兩大投資策略，希望大家也能避免一個很常見，但卻始終存在的陷阱——明牌。我們總覺得能賺到錢的標的，都是很神祕的、常是黑馬的、能夠瞬間反轉的、擁有戲劇性績效的。

這些實際案例確實存在，但是問題是，你也很難複製。除了標的本身，還有太多天時地利的運氣成分。也因此，請大家記住：**投資組合越無聊、人生越精彩**——停止追逐那些看起來能一夜暴富的明牌，也不要一味覺得賺錢的公司一定是自己沒聽過的，寧願投小公司也不考慮那些耳熟能詳的大企業，覺得那些賺不了錢。

足夠長的坡道、足夠溼潤的雪；長期、持續、穩定，才是真正實現「暴富」的關鍵。

第 4 章

四類財務現況的
啟動策略

現在我們要來探索，如何從現下處境採取相應的行動策略，來真正達到財富的願景。

由於每個人的狀態都各有不同，所以我採用「MECE 分類法」來拆解狀況。這個分類法會把一些事物分成互斥（ME）的類別，並且不遺漏其中任何一個（CE），做到「相互獨立，完全窮盡」，讓所有狀況不重疊、不遺漏。因此，除非你已經財務自由，不然你一定會落在這四個象限的其中之一，分別是：牢籠迴圈族、坐吃山空族、亡命天涯族或是輸在起跑點。

別忘了，我的起跑點是負三千萬。無論你的財務現況在哪個象限，都不需要絕望！我會在這個章節裡，提供你相應的行動策略！

正視你的
財務

如果你不知道要去哪裡，
那麼你此刻在哪裡一點都不重要。
——《愛麗絲夢遊仙境》

⑤ 財務現況的四象限

　　從財務現況的統計結果，我們可以用符合「MECE」（完全涵蓋、互不重疊）的方式去將所有人分成四大類，無論你認為你的財務狀況多麼複雜，你一定處在這四大分類當中。從損益表的收入扣去支出，我們得到了盈餘，從資產負債表的資產扣去負債，我們得到了淨值。而用盈餘、淨值是否＞、＝ 0，則可以用四個象限來表達（請參考下頁）。

　　盈餘＞＝ 0，淨值＞＝ 0

　　盈餘＜ 0，淨值＞＝ 0

　　盈餘＜ 0，淨值＜ 0

　　盈餘＞＝ 0，淨值＜ 0

　　為了方便表達，「＞ 0」或「＝ 0」，我們用「＋」來表示，所以一至四象限分別是（＋，＋）、（－，＋）（－，－）（＋，－）。接著我們便可以來探索，四個象限的財務現況，應該如何開始啟動實現人生財富的財務策略。

▪四大象限圖▪

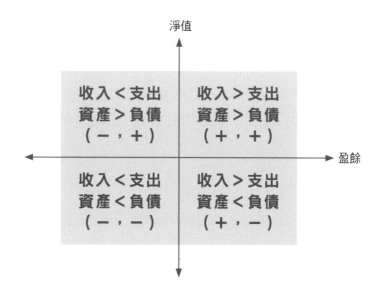

⑤ 三大財務增長原則

　　請注意，接下來是針對四個象限「優先行動策略」的拆解，也就是最終要達到的狀態，與最後要維持的行動都是一樣的。只是針對不同的處境，會有不同的優先行動順序，讓我們能以最快速度往前走，不會浪費時間精力，把自己困在一個不想要的現況中。

　　而從人生財富的角度去理解我們的財務增長策略，假設用上一章的內容作出總結，可以歸納為以下三大原則。

原則 ①：打造退休也想繼續的主動收入來源

　　澈底擺脫為了「退休」就得先忍受現在工作的想法，進一步擺脫所謂的「退休」。生命本來就應該投入在自己希望能一直做的事情上，就算一路上都在改變也沒有關係，我們要達到的狀態就是能做喜歡的事，並能用它獲得收入！

原則 ②：有足夠生活開銷，創造被動收入

　　在探索熱情領域、達到創造價值、創造收入之前（或許有人根本沒想到要創造收入），如何讓我們保持長期、持續、穩定的投入？答案就是要最大化地擺脫生存壓力。也因此我們必須在這一路上，打造能創造被動收入的資產或是其他收入管道，逐步實現長期複利。財務減壓事小，更重要的是能讓我們不為了賺錢而分心，能持續專注於熱情，才是其最大的功用。

原則 ③：建構自己的理想生活

　　經過探索、定義的理想生活構築了我們心目中的人生願景，而人生願景就是我們對自己這輩子人生財富的定義。也就是說，最終無論我們賺到多少錢，只要無法實現這些願景，這些錢就一點價值也沒有。換個角度想，如果我們可以不用透過賺錢、花錢的方式，就實現這些願景，那其實我們也不用繞這麼大一圈去賺錢，對嗎？也因此，如果在一開始就能按照上述兩個定義，以自己的熱情為收入來源、打造被動收入管道，我們也就有時間，彈性安排人生願景裡的家庭、健康、興趣、社交、學習、公益、體驗新事物等重要事

項。我們的理想人生，也就不用等到「退休」之後才開始。

用錢定義成功，我們會專注於錢而忘記更重要的事。當我們用財富定義成功，我們就會專注於哪些能用錢換取、哪些不能，並開始採取相應行動。兩者的人生會有何不同，我相信大家都能想像得到。

這裡就不探討那些財務上已經符合上述三大原則、實現財務自由的人了。財務自由的滿足條件是：

1. 被動收入＞支出：每個月的開銷依靠被動收入就足夠，做任何的事獲得收益都能有額外盈餘，所以更能探索、發展自己想做的事。

2. 主動收入主要來自於自己的熱情領域、有一定規模的被動收入管道：因為這些人終究會進入第一象限，或是已經超越這個象限。

第一象限（＋，＋）：
牢籠迴圈族

人很難放開自己熟悉的東西，
包含痛苦。
與其面對未知的恐懼，
他們寧願擁抱熟悉的痛苦。
——一行禪師

⑤ 你是牢籠迴圈族嗎？

在這個象限裡的人，每個月的收入能夠涵蓋支出，目前可能也有貸款，假設發生極端狀況，將手上的資產變賣，至少能把負債還清，或是還有一些資產剩餘。只是即便如此，他們並不覺得自己壓力有比較小，或是生活有比較輕鬆。第一象限含括了兩端的人，其中一端甚至是高薪族群。這個象限裡的眾多案例，通常有兩個共通要素：① 努力賺取收入、② 拚命克制開銷。

努力賺取收入：賺很大還是富不了

例如有一些醫師、牙醫師、工程師、創業家，他們的收入遠高於普通人、生活開銷有人較高，有人還是很節制，但他們的生活無非就是更努力、花更多時間工作獲得收入。有可能是因為多買了一間房所以需要付貸款，有可能是因為孩子出國讀書需要付學費，或是因為新進口的跑車、遊艇、高爾夫俱樂部年費……時間總花在獲取更多的財務報酬，而非打造人生財富。

拚命克制開銷：省很大還是不夠錢

　　另一端的組成是薪資一般，但在工作之外，常額外耗費很多心力在控制開銷上。例如需要控制飲食、交通、購物、休閒、聚會、旅遊等，花費時間比價、跑到較遠的地方買更便宜的日用品、等待打折，或是在網路購物時花更多時間確認 CP 值等。

　　並不是說這些不好，甚至我也鼓勵大家，如果這些能帶來樂趣、為你提供更多價值，仍可以投入去發展。只是這麼做的人，他們的反饋大都是「沒辦法、因為收入不多，更需要小心翼翼地生活」。從這裡我們看到的是，為了控制開銷，需要花很多時間在與人生財富不相關的地方。

ⓢ 牢籠迴圈族的起點

　　注意到了嗎，無論薪資高低，從人生財富的角度來看，都是一樣的問題：為了錢，犧牲更重要的時間，並且在這條路上看不到終點。因為無論是誰，只要一停下來就斷糧，頓失生活來源。而繼續這樣下去，高薪的人，開銷越來越大，身體萬一變差可能還有更多花費；低薪的人，則是發現職涯發展有限，再怎麼存錢也不可能足夠安心退休。

　　在這個象限的人，核心策略來自於時間與收益的思考，例如能不能用一樣的時間賺到更多錢？能不能用更少的時間賺到一樣的錢？或是再進一步，用更少的時間賺到更多的錢？當我們願意這麼想，而不是一想到需要更多錢，就一味地更拚或更省而亂衝時，我們就能刺激自己的大腦去思考更多可能。

　　要實現這樣的方向，最重要的莫過於前述的**主動收入結構**，在這個象限的人一般都能滿足生存條件（包含緊急備用金），所以應該編列時間與財務預算去探索、學習，**找尋自己的財富因子，實現 J 型曲線**。

　　另一方面，則是開始做**資產盤點**，從願景回推的財務

目標，掌握財務現況與目標的差距，重新進行資產配置、打造投資組合。例如先不急著把債務還完、增加進攻型資金的比例、學習價值投資等。

　　特別要提醒採取行動的朋友們的是，執行過程中，可能會因為短期看不到成果而感到受挫、灰心或是面對新衍生的開銷、財務決策而心生不安。請大家記住，對未來多有信心，就能對現在多有耐心。能適時放下安全感正是人類進步的原動力，對人生也是一樣重要。從上古時期打獵採集、每次出手就有東西吃的模式，慢慢開始有人願意停下來耕種、拉長時間獲取幾個月後的可能收成，這本身就需要放棄收成前不能獲得食物的安全感；快速推進到現在看到的人工智慧發展，也是拋開需要趕快看到「獲利」的概念、接受了投入可能全部石沉大海的大量資料餵養，才有機會催生出生成式人工智慧的誕生。過程可能讓我們不舒服，但它是值得的。

突破牢籠困境

1. 資產盤點
2. 找尋財富因子
3. 實現 J 型曲線

案例 ①：資產重新配置的 Jane

Jane 是一位行銷公司創辦人，過去十多年與丈夫累積了一些財富，也採取最傳統的資產配置方式 —— 買房。所以名下有三處房地產，分別是給父母住、租人以及自住。

因為近幾年來主流的廣告投放平台成本越來越不穩定，她也開始希望能有更多時間來做自己喜歡的事，例如出國旅居、個人進修以及企業輔導的志業等轉型，所以她的困擾便是：自己要支撐龐大的家庭開銷以及貸款，看起來有房有車卻一樣身不由己。雖然有時間運動、陪伴孩子，可是孩子慢慢大了，相處時間也不像以前這麼多，慢慢就有種自己被困住的感受。

在一連串的探索之後，最主要的行動便是資產的重新配置。藉由重新評估收租報酬、考慮抵押貸款以增加流動性，或是將房產變賣之後能將資金進行再運用，後來 Jane 處理了兩處房產，只保留給父母住的房子，並配置防守型資金的組合。這樣一來，她每年多了約 280 萬元的被動收入，也讓她能夠慢慢降低工作強度，最近甚至開始一邊異地旅居、一邊遠距工作的人生實驗，常常很興奮告訴我，她的新發現。這是她緊抓著「有房子才安全」的信念時，沒有辦法看到的風景。

案例 ②：重新設計收入架構的 Sherry

Sherry 是位朝九晚五的外商獵頭，雖然月薪七萬，年收超過台灣 75% 的人，但在台北生活確實很綁手綁腳，要很小心地控制開銷，每個月光是房租、交通、孝親費、保險、跟朋友聚聚吃吃大餐、買些保養品，稍不控制就超支了。

為了維持生活品質，Sherry 能做的就是更努力工作，甚至配合客戶在工作以外的時間見面、盡可能讓績效好一點可以獲取更多獎金。但在深談之後，她其實感到些許絕望。

因為她看到，即便是她的頂頭上司，年薪也不過就是三百來萬。她也計算過，按照公司制度要升到那樣的職位，需要不下十年。想要拚，可是一想到就算三百多萬，到時候自己都四、五十歲了，還能賺幾年？賺的錢也是連房子都買不起啊！再回頭想想，一直到退休前都要做這些事，自己真的願意嗎？她總覺得自己可以做更有價值的事，而不是因為這裡是目前能拿到的最好待遇，就緊抓著不放。

這樣的處境普遍存在於台灣奮鬥的壯年族群裡。我很心疼也很難過，這是我拍攝紀錄片《三實而立》、成立自己的廣播節目「夢想實驗室」，也是我的 Podcast 最想解決的問題。希望藉此能讓更多人看到啟發與希望，進而勇於採取行動。

　　而 Sherry 的脫困步驟也一如既往的簡單。我們先檢視了她的財務現況，確保有足夠的保障型資金後，開始協助她思考人生願景。因為她並不清楚自己的人生願景，我們重新設計她的主動收入、被動收入架構。

1. 主動收入

- **找到財富因子**：Sherry 發現自己的熱情在於協助人們釐清職涯盲點，提供更多雇主與職場方面的資訊、職涯決策。她也很喜歡心理學、喜歡研究人們的行為。

- **實現 J 型曲線**：我鼓勵她開始探索，這些事是否已經有人在做並以此為業？不妨可以去訪問市調，或用其他管道進一步探索：要達到這種程度需要具備什麼？一段時間之後，Sherry 告訴我現在正在學習一些課程，也在準備證照的考試。雖然沒有額外去拓展業務爭取更多獎金，甚至每個月的盈餘還因為學習課程減少了，但她覺得很充實、感覺到更多活力，也慢慢感覺到自己的未來充滿更多可能性。

　　更重要的是，她也重新審視工作，不再有 Monday Blue了。公司很多業務都讓她有機會練習、培養相關的技能，包含面對主管的溝通、面對客戶的諮詢，或是日常瑣事的處理

應對能力。

　　我們一定要記得，即便我們成為心目中想成為的人、過上心目中的理想人生，每天生活還是都有大大小小、不如意的地方。所以，我們從來就不是追求事情按照我們所要的發展，而是如何面對不可預測的外在，並且始終能反過來控制我們自己對世界的反應、解讀與行動。

　　我告訴 Sherry，她未來一定能過上自己喜歡的生活。因為她已經做到了將注意力放回自己身上、從當下就開始構築理想生活，這才是最難的事。

2. 被動收入

　　在扣除了生存原則的盈餘條件、保障型資金之後，Sherry 發現自己的錢都躺在銀行裡，原先構想是先存錢再說，等存到第一桶金（100 萬元）再打算。

　　她的每月開銷 4 萬 5 千元，六個月的緊急備用金為 27 萬，存款裡大概有 60 萬。所以，我請她停止「存到 100 萬再投資」的想法，而是現在就拿出 33 萬元（60 － 27 ＝ 33），開始投資。

　　這裡可以大概算一下差別，本來每個月存 2 萬 5 千，到 100 萬還要大概十六個月才能開始投資。如果現在就能開始投資，相當於本金 33 萬＋定期定額十六個月的 2 萬 5

千。按照長期 S&P500 的 ETF 來看，十六個月之後應該可以多 8 萬 5 千左右，比原本的方式來多了四個月的錢。當然，十六個月可能沒辦法得到長期的平均報酬，可能漲更多，也可能跌。但至少我們已經在市場裡、有足夠的風險承受能力以及長期主義心態，何不盡早開始？

　　她也可以考慮學習主動投資，去獲得更高的報酬。例如價值投資的長期收益，可能來到 15 ～ 20%，或是單純定期定額投資 S&P500 的 ETF，以 10.7% 來算，四十年後的總資產，預計分別可以達到：4 億 863 萬、1 億 1569 萬。

　　而如果她要考慮專職或內部調職，去做自己更喜歡的事，她甚至可以考慮降薪 1 萬。因為就算每個月定期定額只剩 3,000，她也分別能在四十年後有 1 億 5,200 萬，或 853 萬的投資組合，屆時投入 4% 殖利率的發息產品，每年仍有 152 萬～ 600 萬的被動收入。

　　知道這些的好處，不是糾結到底未來能賺到多少錢，那只是多和更多的差別而已，而是要你記住，不要為了多一點錢，就去做自己不喜歡的工作、失去熱愛生活的理由。

　　請放寬心，探索你的熱情、做你愛做的事，現在就原地退休吧！

第二象限（－，＋）：
坐吃山空族

問題不是費用，而是營收：
開源比節流重要。
——《財務自由的人生》

⑤ 房子有了，其他都沒有？

　　這個類別的情況我稱為坐吃山空族，常見於失業中，正在尋求下一份工作的人，或某些中年危機、公司減薪，甚至開始放無薪假，導致入不敷出、吃老本的人。也可能是退休後空有退休金，好不容易還清房貸的人。這類型的人必須要馬上止血，找到工作或是利用資產變現的形式，先養活自己！至少先存下一年開銷，在開支打平＋10% 儲蓄的情況下去探索熱情！

　　在這個象限的好處，就是至少手邊還有一點錢。但即便如此，也不夠讓他們無憂無慮地終老。

　　常聽到一個概念──趁年輕買個房、把繳房貸當成儲蓄，老了的時候至少還有房子，至少晚年生活就不用擔心。真的是這樣嗎？

　　事實上，這只是減少退休之後的「居住成本」而已。除了房貸、房租外，一樣要操煩其他生活開銷、生活品質，甚至晚年的照護。也因此，終其一生為了買房，而沒有太多積蓄，也沒有什麼餘裕進行其他資產配置的人，到了退休後，最有可能的生活狀態就是：一邊擔心健康、一方面斤斤

計較生活支出。由於只剩儲蓄跟勞保、勞退可以用，一不小心超支，就要擔心坐吃山空。

簡單生活並沒有錯，只是絕大多數人心目中的退休，似乎都希望能到處走走、有時間學習新事物等，而不是只能哪裡不用錢、哪裡有補助，就往哪裡去。因為終於還清房貸，於是每天的焦慮就變成「到底是錢先花完還是人先走」：錢先花完，怕晚年沒保障；人走了，錢還在，心有不甘。這樣的焦慮程度相較於面對房貸，甚至有過之無不及。

而對於發生在壯年時期的被迫轉職、無薪假，或是降薪工作、吃老本生活等情況，其實倒也不用太焦慮。因為從職涯發展角度來看，反而還大有可為。

無論是壯年吃老本，還是退休坐吃山空，都同樣適用於以下的脫困策略！

脫困三策略

1. 資產盤點活化
2. 財富因子跑道
3. 收支平衡為王

Ⓢ 脫困三策略

策略 ①：資產活化的思維

　　落在這個類別的退休族群通常都有房產，或是投資型保單、儲蓄險等資產，總和也都大於負債。但因為長年以來的觀念，導致注意力只放在現金上面；因此忽略了其他資產其實可以拿來運用，創造更多收益。所以有一部分人光是藉由活化資產，基本上就能從第二象限右移到第一象限了。

　　而活化主要來自兩個方式：一、**資產變現**、二、**抵押槓桿**。

　　資產變現就是直接出售低回報的資產（例如定存、沒有綁定什麼重要主險的儲蓄險，不知道到底在幹麼的投資型保單等）。而抵押槓桿則是用現有資產去進行抵押，從銀行拿錢出來（要符合槓桿原則），直接把現金拿回來，放到可以帶來相對穩健現金流的標的上，如債券、殖利率高的好公司、金融股 ETF、房地產信託基金（REITS）等，或是一些能月發甚至季發配息的基金，增加每個月的收入。目標是能打平本來開銷、以及槓桿延伸的每月支出。

　　如果是用房產抵押，千萬不要想著「好不容易還完房貸，怎麼又要貸款」！請永遠回到錢的根本：房子、錢都是拿來讓你活得更好，你不需要死守一間「沒有貸款」的房子、看著帳上慢慢坐吃山空，或是謹守勞保勞退每月的金額，讓自己綁手綁腳。那樣就像是一輩子只為房子而活，到最後再讓勞保勞退來決定自己怎麼活。

　　如果是用房子抵押貸款，也請盡可能延長寬限期，讓自己能在比較沒有壓力的情況之下，爭取更多時間執行「脫困三策略」的策略 ②、策略 ③。

　　針對壯年族群，做這樣的資產盤點活化也是必要的。因為職涯還有很長的時間，用複利的角度思考，其實每一塊錢都很重要。也因此我常提醒大家做自己所有資產、微資產的盤點，大到房產、投資組合，小到自己家裡閒置的跑步機、家電，甚至包含買了沒在練的吉他鋼琴、高爾夫球具，都是可以拿來變現的好資產。重點不在金額大小，甚至如果沒人買也能直接捐掉。因為目的是要讓這些微資產也開始活化、物盡其用，去到它們該去的地方，不要因為你的「以後會用到」而閒置在那裡。這能讓你的生活重新聚焦在你該聚焦的地方，減少環境上的干擾。

　　無論金額大小，至少你的居住工作環境能重獲更多空間，而你的思緒、注意力也更能專注在為自己創造價值的方

向上。這時，就可以將拿到的資金，按照資產配置與投資組合的原則，重新進行分配。也可以當作自己的緊急備用金，讓自己有更充裕的緩衝時間，找到下一份工作或打造新的收入來源。

策略 ②：反退休的財富因子跑道

　　我不相信退休這件事，當然也不認為退休就應該過著單純消耗、沒有任何產出的生活。所以上述的第一步是從擺脫貸款到重新槓桿，也就是從退休晉升「反退休」狀態──做你有優勢、能帶來快樂、同時可以造福自己也造福別人的事，也就是發揮財富因子，讓自己的每一天更有意義。

　　我們並不需要追求財富因子能立即為我們帶來多大的財務回報，而是追求先能讓自己的生活慢慢圍繞財富因子而設計。因為這樣才是真正打造出一個能讓我們不再擔心收入，並且踏上有無限收入上漲空間的生命旅程。

　　因為這個象限的人還有資產，所以可以在緊急備用金的基礎之上，增加半年的生活費，給自己最多一年時間來摸索。目標不在於一年時間就要達到多高的收入，而在能夠用這一年時間，看到財富因子領域的更多可能。這對於一年後的自己要繼續投入還是轉換跑道，或甚至是增加副業來維持

J 型曲線的投資預算，將是重要的依據。更重要的是，你也開始在這個領域認識越來越多志同道合的人、每天期待能學習新的事物，或是看到新的風景。比起很多人覺得要等到「賺夠錢」才能過這種生活，你一開始就做到，不正是實現「人生財富」最美妙的地方嗎？

策略 ③：收支平衡為王

　　承接策略 ②，當我們開始探索、投入發展財富因子之後，我們將調整自己的資產配置，來給自己時間打造財富因子的跑道。而在損益方面也需要做出階段性的努力——進行支出盤點。

　　支出盤點需要我們重新檢視自己的所有開銷，並對其進行靈魂拷問，是不是真的需要？是不是真的沒有花就活不下去？重新回歸到「生存線」等級的開銷水準，再斟酌自己的生活品質進行調整，以達到開銷的最有效狀態。結果不在於調整完後有沒有比本來更低，而是確定這樣的開銷狀態，能讓自己處於最穩定的狀態，也能增加盈餘的可預測性。

　　但即便如此，在預算用完之前，財富因子帶來的收入可能仍未達到我們的基本開銷。

　　在這種時候，我們最不能做的決定，就是認為財富因

子賺不到錢所以就此放棄，又走回頭路回去為了錢而工作。反之，要思考的是：如何讓自己在收支平衡的狀態下，持續讓財富因子繼續滾動，直到達到 J 型曲線的上揚。

也因此，你要做的只有兩個方向：**一為重新配置資產**，編列更多預算來讓自己繼續專注財富因子的發展；**二為找到能夠最小程度影響財務因子發展的收入來源，至於衡量的標準就是你的開銷和時間了**，即便那有可能不是自己很喜歡的事。不過我相信，在這樣的狀態，你也不會有太多負面情緒了，就如同尼采所說 —— 一個人知道自己為什麼而活，他就能忍受任何一種生活。

案例：調整資產、尋找財富因子的阿娟姐

當阿嬤的阿娟姐，年屆退休、孩子也都各自有工作了。記得第一次見面聽到她這樣說時，我還說：恭喜啊！要開始享福了！她卻開始向我傾訴她的不安。

她大概四十歲的時候在新莊買了房子，用了二十多年時間拉拔孩子長大，也努力清償房貸。現在房貸還完了，房價也漲了，兩個孩子也都各自有出路了，照理說應該要開心迎接退休生活，但她卻滿是擔憂。

她說退休後，她只剩勞保、勞退，每個月收入大概 2

萬元。兩個孩子雖然大了，但是收入不高。說到這裡，她還自責在孩子成長過程沒有多陪他們、督促他們讀書。她自己單親帶兩位孩子長大，第二個孩子三十好幾已經離婚了，所以自己又要幫忙帶孫子。擔心孩子壓力大，所以只要自己過得去，就會拿老本倒貼帶孫子的各種開銷。隨著年紀增長，以前長期勞力工作的後遺症也多了，不能久站、走遠，腰也容易痛，很擔心自己之後會變成孩子的負擔，更擔心走了之後，兩個孩子會為她留下的房子反目成仇。

　　當下除了感謝阿娟姐願意向我透露這麼多的同時，也感嘆她的所有擔憂，都是因為擔心下一代，而不是希望自己能過多瀟灑的退休生活。這就是母親的偉大，我想起了自己的媽媽，也感到一陣鼻酸。

找回夢想

　　後來我開始問阿娟姐年輕的時候，或是還沒結婚前，有沒有喜歡做的事、想完成的夢想。她說她很喜歡研究餐廳裡的菜色，以前要存很久的錢，才能去好一點的餐廳吃飯，每次去都會研究每一道菜、細細品嚐，生怕一下就把菜吃光。正因為如此，那些吃得特別慢的時光，也成了最棒的回憶。她曾想著有朝一日能成為一位廚師，做出很棒的菜來讓人感到幸福。只是後來結婚了、有了孩子，需要維持生計，

而當廚師要上課、考證照，自己沒有那個時間跟預算，就一路努力賺錢養家到現在。

後來我建議阿娟姐去考丙級廚師證照吧！先去看看要上什麼課、有沒有補助、什麼時候考試等。

不怕賣房子

另外，阿娟姐的資產組合有：解約可領回約 80 萬元左右的投資型保單，以及價值約 2,000 萬的房子、近 120 萬元的現金活存。

最好的情況就是，阿娟姐能用她的廚師熱情，創造出足夠的生活開銷，而極端的建議則是重新評估租房成本。阿娟姐的住房需求行情價大概 3 萬元左右，生活開銷每月大約 4 萬是相對夠用的，也就是一年 84 萬的基本開銷。用 4% 殖利率回推，只要有 2,050 萬的防守型投資組合，就能滿足持續的生活品質與保險開銷。

也就是說，最極端的資產處置方式就是，阿娟姐可賣掉房產，拿回 2,000 萬現金、加上本來的 120 萬元現金、80 萬元可贖回的保單價值，共有 2,200 萬元。扣除 84 萬元的緊急備用金，再扣除 26 萬的熱情投入費用（用於學習、體驗的相關費用），剩餘的 2,090 萬直接投入像是債券，或是穩健現金股息派發的標的，在生存受到保障之餘，自己也有

一段時間能發展熱情與收入。

阿娟姐最初不太能接受把房子賣掉的想法，但是後來想到身後的繼承問題等，也開始慢慢接受。不過阿娟姐後來還沒處置房子，就在六個月後考到丙級廚師證照，也開始在一些機構兼職，幫忙準備午餐了。

因為她也需要照顧孫子，所以每天早上送孫子到幼兒園後，才到單位去工作，下午又能準時下班去接孫子。收入差不多能打平開銷，勞保勞退的 2 萬元就當儲蓄，也應付不時之需。

重點是，阿娟姐本來的焦慮不見了，就算工作不是很有保障，但她起碼還有房子可以進行活化。甚至因為喜歡下廚，也考慮再往乙級證照精進。她一年後再來找我時，是帶著她自己做的麻油雞。當時我吃得很開心，阿娟姐也說這不是她最拿手的菜，是因為聽到我喜歡吃才做。她說真的很謝謝我及我的團隊。我也很謝謝她，讓我知道分享財務思維是多麼有價值的事業。

第三象限（－，－）：
亡命天涯族

如果你「做不了」某件事，那可能很尷尬。

但如果你正在「學著做」某件事，那就是令人敬佩的。

只需小小幾步，你就能跨越「不能」和「學習」的界線。

——凱文・凱利（*Kevin Kelly*）

⑤還債翻身三原則

　　在這個象限裡的人，除了債台高築之外，還每個月入不敷出，很容易因此開始拆東牆補西牆、想要豁出去拚一把、自暴自棄放棄努力、借酒澆愁，讓自己陷入惡性循環裡，甚至也有很多人因而走上絕路。我曾經在這個狀態裡，所以理解那種絕望，特別是你想自我放棄，讓全世界都衝著你來，或是乾脆一了百了時，卻仍然心繫那些你愛的以及愛你的人。想放棄但自己深知逃不掉、想努力卻看不到希望。

　　如果你在這個象限，我希望你能記住最重要的事是：無論這是因為你過去的行為，或是因為不可控的因素導致現在的結果，都不需要感到自責或自卑。

　　老天讓你經歷這些，是因為你一定能度過，並且想藉由這樣的歷程給予你一些啟發與能力，來開創更好的未來。不是因為你做錯事、不如人、太愚蠢、太貪婪，或甚至這輩子注定過不上好日子。這是絕佳的成長溫床，也是能讓你最快蛻變的處境。一切到最後都會好起來的，如果沒有，那就是還沒到最後。

　　不要因為眼前這些災難、困頓，就認為自己的人生就

這樣了。這些困難只能決定你的下一步該做什麼，你的人生永遠是由你想要成就什麼願景來決定；所以也請千萬不要用失敗者來定義自己。

而要從這個象限翻身，一樣有三大原則。

還債三原則

1. 51% 信念
2. 先求生存，再求發展（盈餘為正）
3. 啟動還債十要點

原則 ①：51% 信念

首先，我需要大家暫時擱置對於夢想的探索。因為這個時候去探索夢想，你的壓力會很大，可能也沒辦法做出最好的決策。例如你會想要更快變現、在自己還沒有能力創造價值的時候就想著要賺錢，導致信任的損害，或是被變現的壓力掩蓋了熱情。

在這個階段，我們先專注於創造每個月的盈餘，或至

少損益兩平。可以想辦法兼差增加收入，再怎麼不想做的都得做；或者是想辦法降低支出，再怎麼不舒服也得勒緊褲帶。要大家先這麼做的原因是，越快開始這麼做，我們就能越快擺脫不喜歡的兼差以及勒緊褲帶的生活。

　　不要急著把負債還清，這是我們最常犯的第一個錯誤，希望一次還債翻身的人，很容易用手上僅有的資源做出更大風險的賭注：All-in 投入看起來報酬很高的標的等。

原則 ②：先求生存，再求發展

　　其實在這階段，最重要的是能控制每個月的超支，先讓自己止血並從中調養財務狀況。也只有這樣，我們才能在最短時間內穩定局面，讓自己在還沒還清負債之前，就開始規劃、兼顧自己的人生願景。

　　再次提醒，我們要的不是一下子進入到第一象限，而是從第三象限（左下）進入到第四象限（右下），並從那邊開始發力，在還債的同時也能增加儲蓄與投資組合。以免債還完了，自己也已經一無所有，接著繼續煩惱往後的日子該怎麼過。

原則 ③：還債十要點

1. **長期財務目標：**不因為現況妥協自己真正想要的複利思維。

2. **中長期財務目標：**賺到第二個 1,000 萬所花的精力，一定比第一個還輕鬆、時間還短。除非你第一個 1,000 萬是僥倖得到，並且你的財務智商不配擁有這 1,000 萬（滿腦子還是消費主義的想法），那麼即使有這筆錢，也會很快歸零。為此，你要感激負債的經歷，這讓你更能在金錢的技能上學會創意。

3. **每一塊錢都要運用「複利思維」：**專注培養「讓賺到下一塊錢比上一塊錢更容易」的能力。每一塊錢都有用！永遠不要屈服於你的壓力，不要說沒有用，每一塊錢都有用。

4. **開支拷問：**羅列所有的開支！對每一筆支出都要逼問自己，是不是真的有必要？有沒有人不花這筆錢照樣能活？如果有，你也應該試試看。

5. **剪掉信用卡：**別為了積點、里程、回饋金而莫名其妙地花更多錢！剪掉信用卡，等你有至少 100 萬淨值的時候再辦。回饋金的每一塊錢，都代表 10 倍、20 倍以上的開銷，除非你的必要開銷超過 20 ～ 30 萬，否

則，沒有必要冒這個風險！找到一家好公司、按部就班投資，獲得的肯定比回饋的點數還多。

6. **收回別人欠你的錢，並感謝他們**：列出所有的未收回欠款，逐一收回，並且感謝所有還你錢的人。

7. **擬定還債計畫**：針對每一筆債務分析綁約、利息、月付額、餘額，並開始與債主談一談、告訴他們你的付款計畫。若是銀行，可以打過去說你要代償／清償貸款，他們會幫你減息。

8. **先支付自己**：繼續還債、但不能超過盈餘的一半。先支付自己，每個月償還債務的錢，不能超過你收入扣掉開銷（盈餘）的一半，因為你必須存錢。

9. **尋找新的收入來源**：假設你的每月盈餘無法達標，短期內就需要鎖定做了馬上有錢的兼差項目。

10. **開銷最高限制 & 收入的最低門檻**：給自己每個月的開銷設定最高限制，並對收入設定最低門檻。

　　馬上開始、模擬極端情況的情況，讓自己馬上就行動起來。一天都不能拖！如果這些方法能讓你在短時間內重拾希望、回歸正軌，這就是本書最大的價值。至於此象限的案例就是筆者本人了，但我感激人生經歷的一切才能造就現在的我。

第四象限（＋，－）：
輸在起跑點

提高收入遠比撙節支出難多了⋯⋯
但是若你想找一條可持續存更多錢與創造財富的路，
這是唯一的選擇。
——《持續買進》

⑤ 挪動起點三策略

　　第四象限的狀態是，每個月收入足夠支付生活所需以及還貸，但是資產並不足以清償所有債務。最常見到的就是剛出社會、學貸還沒繳清的年輕人，以及因為消費增加而有信貸、卡債的族群。

　　無論是身揹學貸、信貸還是卡債，我看到最多人因此而產生的心態就是：因為還有負債，所以不敢做太多嘗試，還是穩定比較好，要幹麼也等負債還清再說吧！畢竟每個月開銷已經夠吃緊還要還債，真想趕快還完等。總而言之，我看到的是一群因為「負債」而覺得自己被綁住，甚至覺得輸在起跑點的人，正因為「負債」裹足不前、過度被負債占據心智。

　　在這個象限中，最重要的策略，就是不能被負債拖垮原本的發展機會，與美好生活的可能。也因此，挪動起點三策略是幫助你把起點往正值移動的重要方針。

策略 ①：債務分析與還債計畫

　　債務分析除了要讓還債行動符合債務原則，最重要的是能夠讓我們有所覺察，不再讓「債務」綁住我們的心智，形成無謂的恐懼擔憂來限制我們的發展。所以請記住，我們要做的不是「盡快換完債務」而是「不讓債務形成干擾」。

　　首先是分析現存債務的利率、月付額等前面提過的十項債務要點，並整合損益來評估優先順序與還債計畫。當我們攤開所有的債務之後，才知道哪個債務的利率過高、哪個月付過高、所有月付額占自己的收入開支比例，以及自己是不是有餘裕去做別的投入，或有沒有本錢開始轉換跑道。

　　當我們沒有細究實際的數據，就很容易陷入「債沒還完就不敢多想」的自動模式，白白浪費掉還債期間我們也能打造的成果。

　　在這個過程中，我們首先要保證的，一樣是將每個月支付債務的支出控制在原本盈餘的 50% 以下，面對月付額過高的，則是可以透過拉長期限的方式降低月付額。如果你發現自己某些債務的利率高達 7% 以上，那麼在自己的保障型資金健全之後，就可以集中火力先進行清償。因為你的投資報酬很可能難以達到這個回報，或是扣完也所剩無幾，那麼就先把這個會害我們做白工的干擾清除吧！

　　另外有些人面對的，可能是高利債務，而且恰恰是金額最大、最難償還的。這時如果手邊剛好有年終或獎金，就會希望先把其他小的、利率低的債務加速還完。但這樣做只是讓自己心裡舒坦、以為「這樣就只剩一筆債務了」就比較清爽。請大家盡量避免這種情況，因為這正是放任黑洞越來越大的行為。

　　我會建議，盡可能在明確知道自己每個月的最大還款金額後，與低利的貸方銀行進行債務整合的協商。用較低利率的債務來取代較高利率的債務，才有機會越還越輕鬆。

　　這個象限裡有更多族群，其實本身就只剩利率很低的學貸，或是前幾年的疫情補助貸款，可能年終一領就能把債務還完（到時候就晉升右上的第一象限了）。當然還不還是個人決定，金額若不大確實也沒有太大關係。只是也可以練習評估，如果貸款利率很低，手上沒有拿去還貸的現金，不妨看作是這個利率的槓桿資金。在保障型資金健全、符合「生存原則」的前提之下，拿來做穩健的投資、獲取比利息更高收入的回報，會是更明智的做法。另外一方面，也能有更多機會累積信用，未來在自己的投資能力提升，或是遇到好機會時，有好的條件向銀行多槓桿一些資金來運用。

策略 ②：探索並發展財富因子

　　承接策略 ①，在我們做完負債分析，也好好理債之後，下一步就是確保自己有在打造財富因子的 J 型曲線。投資自己的財富因子領域，就是投資人生的最好方式。

　　這部分做法請直接參考第 3 章〈收入策略〉的主動收入部分，用自己的財富因子視角來檢視自己的工作，是不是能重新被定義，找到可以好好學習、體驗的地方？與此同時也努力精進自己的能力，逐步讓自己的主動收入結構越來越完整。

策略 ③：打造投資組合

　　在滿足保障型資金之後，更重要的是每個月的盈餘也能有效的轉換成資產，為自己打造被動增值與被動收入。

　　根據人生願景、目前年紀、狀態、個性與風險傾向，調整自己的防守、進攻乃至樂透基金比例，並且有意識地學習，都是讓我們投資組合的獲利表現能越來越穩健、越來越好的基本功。

案例：重新打造財富因子與投資組合的 Lilian

　　Lilian 是位大型製造業的工程師，時常出差大陸到協作廠商去工作，案子忙起來，光是出差的補貼就幾乎等於本薪。正因為如此，她發現自己每次想要轉職到更有熱情的運動產業時，就會被身邊的人勸阻，認為她現在工作穩定，光是獎金、出差補貼、底薪就有 100 多萬年薪，而且還有很多大公司的員工旅遊、健康檢查、三節獎金、各種補貼等福利，不要輕易放棄。連她的父母都請她千萬不要「想不開」，跑去一個要重新開始的產業，而且待遇還沒有保障。

　　她其實是一位很上進的人，也參加了很多課程，無論是職場相關、副業相關，還是投資理財。也是因為這樣，她才會找到我。而一直困擾著她的是，她曾經因為聽信朋友的介紹，貸款 100 多萬去投入了一個資金盤類型的項目，結果血本無歸，至今仍有債務要償還。也因此她更需要抓住現在的工作，盡快把債務還完。

　　清楚狀況後，我們是先做了債務分析。她的債務來自兩處，一邊利息 4%，另一邊利息 3.5%，金額差不多都是 8,000 元，加總起來，每個月的還債額度約 1 萬 6 千。

　　過去一年的薪資加上出差補貼，每個月平均有 7 萬 5 千，平常開銷加上給父母的孝親費大概 4 萬。所以每個月本

來的盈餘為 3 萬 5 千，其中的 1 萬 6 千還債，在收入的占比中少於 50%，屬於健康的狀態。

不過即便如此，我還是請她跟銀行再談談有沒有機會降息。當時適逢美國開始不斷 QE（貨幣量化寬鬆政策），她也因為打了電話爭取，將利率降至 3% 左右，進一步鎖定每個月盈餘。下一步就是鎖定緊急備用金、打造財富因子途徑與投資組合。

經過檢視資產，雖然她的總儲蓄大概落在 60 萬左右，但是因為工作穩定、自己也還年輕，所以她後來只保留了五個月的開銷當緊急備用金 28 萬，以剩下的 32 萬（剛好約 1 萬美元），開始打造投資組合。經過評估，全部投入到進攻型的標的上，且每個月的盈餘會在累積到 3,000 美元時，就再定量投入。

另一方面，因為知道自己不用再瘋狂靠出差、績效來爭取獎金，所以她開始規劃時間、預算，去上跟運動相關課程、考證照，甚至開始幫認識的人做一對一訓練。大概一年之後，她就有了第一筆在健身領域的收入，她覺得那筆收入比起自己本來的百萬年薪，更有成就感。

有趣的是，她後來反而沒那麼想離職了，因為她可以更自在地切換上下班模式，也能在公司理解更多一般上班族對於健康、運動的想法，形成她的素材。這也讓她更知道如

何設計自己的訓練體系，逐步有了長期的學生。在鞏固了收入的前提下，Lilian 每個週末會花一天來協助學員訓練，也因此多了近 70% 薪水的收入。她告訴我，就算哪天她主業的工作不做了或退休了，她也不擔心。因為她能持續耕耘自己的運動事業，也慢慢看到目前模式之外的更多可能。

　　我相信你也會為 Lilian 感到開心，當你自己也在這個狀態時，是不是不再需要盲目比較薪資、待遇、頭銜、職等或職級了呢？

　　為 Lilian 開心的同時，我也為她感到驕傲。因為她已經清楚知道，真正的人生財富是由自己定義。她也確實用自己熱愛的方式，為這個世界創造價值，這就是我認為最美好的人生。

打造億萬體質的
重點複習

曾經聽過一個很棒的比喻，每個人都有自己的財富容器，只是大小不一。當一個人獲得的錢、權利、待遇，大於他的財富容器時，他就很容易不安、惶恐，甚至覺得自己不值得擁有這麼多。

「覺得自己好像不值得」，或許是整個歷史沿革下來的致命信念，因為以前皇帝高高在上、士農工商階層分明，一代傳一代的「安分守己」思維逐漸形塑了我們的「自我價值缺失感」。而一個人永遠只能得到他認為自己值得的，錯過很多他真心渴望的，當然只能留下充滿遺憾的人生。

不要只想著「需要做什麼」，而是好好思考「想要做什麼」，只有轉換想法，你才有機會改走一條擁有豐盛人生財富的道路。

定義你的
人生財富

一個普遍的錯誤觀點，
那就是「人們只能透過努力工作多年來獲得財富。」
恰恰相反，財富更應該是某種心態，
某種以財富為導向的信仰的產物。
——《小狗錢錢》

$ 打造你的財富容器

　　每個人都有自己的財富容器，它的大小來自於不同的信念。財富容器小的人，一開始的選擇就不多，他們不敢跨出去，也最有可能按部就班、隨著社會的主流價值觀，依照自己的過去、背景而活。如果剛好適合，人生可能也過得順風順水；但如果不適合，就會過得很痛苦，直到跟世界妥協，開始行屍走肉、每天不斷地複製貼上。容器大的人，比較能夠大膽做，但無法專注則是詛咒，很有可能什麼都有，但一事無成。如果你也有安分守己的思維，覺得不容易打破這樣的限制，那麼最有效的方式，就是從「不設限的財富容器」開始。

　　讓我們複習「夢想倉庫」的步驟：在自己的電腦或雲端設置一個檔案夾，有意識地收集那些讓自己感到嚮往或開心的畫面、片段、商品，或任何描述、想法、感受、想做的事，包含很衝動、希望擁有的東西，都可以寫進來。

　　與此同時，也請記錄那些讓自己倍感幸福、希望能再重現、保留的美好時刻，羅列自己認為重要的人事物、希望結交的榜樣或朋友，定義自己在各個領域的理想狀態。

　　切記，在過程當中，請不要有任何「那個太不切實際，算了不要寫好了」的想法。請將所有批判、評斷都隔絕在外，單純記錄美好。如同前面所說的，反正記下來而已，又不用花錢！而實際做法，我們分三方面再複習一次。

　　第一、先給自己一個完整的四小時，把所有感到美好的事物、畫面、狀態、想做的事、想擁有的東西都寫下來。

　　第二、每天寫五分鐘日記，主要記錄今天覺得美好的時刻、感恩的時刻，或盤點身邊有什麼是自己非常慶幸能擁有的，不管是人事物都可以寫。無論是一枝很好寫的筆、關心自己的另一半，還是睡前孩子的抱抱。這些都是我們即便有錢也想擁有的，而藉由這樣的方式，除了可以辨別哪些需要錢、哪些不用之外，也能確保在創造財務成功的過程中，不失去人生財富。

　　第三、隨機的隨手記錄。我習慣隨時打開手機的備忘錄、相機，輸入臨時產生的想法，或是記錄下來我感到美好的畫面，雖然不能百分之百捕捉到，但也已經比本來完全沒有還要多得多。

　　在這樣的過程當中，我發現自己慢慢能對抗即時滿足的毒藥，以及主流社會價值觀的消費主義，更能專注自己所

認為的美好。這讓我節省很多心力，不用浪費時間在過多的
雜訊上，把生命自主權從跟著社交媒體、別人期待的隨波逐
流狀態，重新握回自己手上。

人生財富容器

- 工具準備：夢想倉庫資料夾／筆記本、手機備忘錄
- 財務現況盤點工具：收入結構表、記帳本 & 支出結構表、資產盤點表、負債盤點表

⑤ 只屬於你的理想生活

　　藉由夢想倉庫記錄所有憧憬衝動，再定期檢視篩選，才有機會過濾掉雜訊，留下真正值得追求的部分。在將第一個步驟進行一個月之後，我們要開始將散落各地的，但對我們而言很美好的各個片段組合起來，形成人生願景。這時我們會採用大衛・艾倫的「高空系統」來歸納各類「期許」，並且釐清以下這些關鍵性的問題：

- 我這輩子活著是為了什麼？
- 我心目中理想的自己是什麼樣子？
- 我希望在哪些領域有巨大貢獻與成就？
- 理想中完美的一天應該如何度過？
- 在哪裡？做什麼？跟誰一起？
- 我看起來怎麼樣？
- 有幾種版本？（在時間內想越多越好）
- 在生命最後一天，我希望能因為什麼感到值得？不要因為什麼而後悔？

以此來開始形塑出自己「理想生活」的願景畫面，並開始拆解其中的組成，逐步把這些組成分成主要的類別。就如同我的八大領域一樣，如果財務的投資組合是防守進攻的各個標的，那麼八大領域就是我人生財富的投資組合。明確了解這些，我們才能進一步去知道平常的「時間資產」配置，是不是有效投入在我們希望增長的領域裡。

就像我不能每天想著要投資好公司，但錢都拿去玩NFT。我們在希望身體健康、家庭幸福的同時，卻不斷把時間投入在加班、應酬、工作裡，是極其荒謬的。更別說有些男人因為自己努力工作，回家就覺得自己是大爺，覺得老婆小孩都得聽自己的話，我認為這是最無能的人。

你的願景可能會有很多不同的版本，這些都沒關係，因為生命本身就是從發散到收斂的過程，這也才是有意義的探索。也只有這樣，我們在這一路上才能慢慢越來越明確自己要什麼、不要什麼，逐步來到專注而踏實的人生狀態。

更重要的是，它能幫助我們從未來的觀點安排現在。因為根據願景與目標，就能夠寫出一份未來的資產負債表與損益表，接著便能真確地計算出目前與未來的差距，進而擬定專屬於你的財務增長策略。

我把這個過程整理成下頁的「人生財務藍圖」，也是整本書最宏觀的視角。

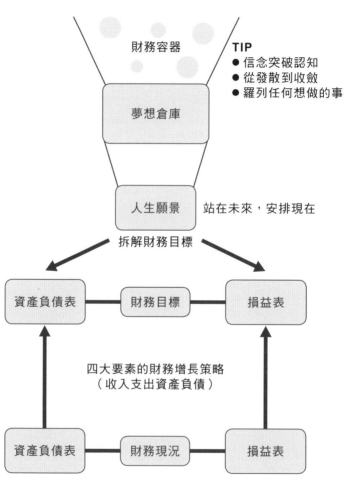

$ 量化財務目標

　　在我們有了願景之後，下一步就是計算理想生活所需的財務條件，接下來會是非常有趣的旅程。量化、拆解理想生活以後，我們開始能把心力放到對我們真正有意義、值得鑽研的地方。

　　從一開始連想都不敢想，到後來發現可能有更好、甚至更省錢的方式實現目標，或是讓資金更有方向性地增長，光是這樣，人生就已經聚焦。更何況，當這樣的思維與效益擴展到我們關注的每個領域上，無論是尋找自己的榜樣、擁有理想的房子、保持健康的身體、經營幸福的家庭、建立財務成功等，肯定會讓我們的每一天都更充實、更有趣也更有意義！

　　當我們打開心胸、接受這樣的思維，財務量化的過程就能真正起到效用。我們未來的生活跟現在一樣，不外乎是收入、支出，以及資產、負債。所以拆解出來的財務目標，也會是到時候生活的收入、支出，以及資產、負債。

　　例如我喜歡講課、分享我的信念，我希望光是做這些

我熱愛的事，就能支撐我的開銷，並有盈餘。所以我可以設定：主動收入每個月 100 萬。那麼下一步就可以去看看，有哪些人是有類似經驗的，例如 Tony Robinson、Gary Vee 等，看他們都做了些什麼？甚至向他們請益，那麼我就有理由相信自己假以時日，也有機會達到目標。

　　假設被動收入希望每年有 200 萬，回推是從 4% 的股息裡拿到 200 萬，那麼我的投資組合就必須有 5,000 萬。這5,000 萬，我就先放到我的資產欄位裡。

　　另外我們需要住、需要旅行、運動、維持健康等開銷，也都可以鉅細靡遺列舉出來想做什麼、需要什麼產品等。越精細地去描繪、感受，也是在同步運用吸引力法則或顯化效應，讓更高維度的力量協助我們完成夢想。這些開銷也能主動到網路上去查找，寫到理想生活的支出項裡，相信大家會很享受這個過程。

　　而資產與負債中，應該大家都會選擇讓負債掛零，這裡可以直接不討論。資產則是一樣按照理想生活的條件去拆解，包含想要的的房子、車子、收藏、上面提到的投資組合等，也都一一羅列出來。

　　比起刷抖音、Shorts、IG、FB，我相信一樣是在上網，當我們把時間拿來做上面的探索、細化、查詢，不僅沒有浪

費時間，還能在過程當中分泌很多令自己感到幸福的激素，這跟刷抖音的多巴胺上癮是截然不同的。而過程當中，跟自己的家人一起討論、一起探索、一起分工，也能促進對彼此的了解，使我們在相處或共同努時更加體諒對方。先別說到底什麼時候能能財務自由了，這種狀態不就是大家有錢以後也想追求的嗎？而你現在就擁有了！

Ⓢ 製作財務現況、評估差距與所需年化報酬計算

假設上述的財務目標你都能規劃，那麼財務現況的清算肯定難不倒你。只是過程當中會有很多大家不想面對的處境或情緒。但請相信我，也相信自己，這是**必要並且價值上億的舉動**。因為徹底了解狀況，才能讓你的所有財務決策都更穩健、踏實，而這正是創造財務與財富成功的重要基礎。

資產

請把你所有的現金、存款、能變現的物品、動產、不動產、別人欠你的錢、商家還沒拿回來、不準備用的押金訂金等，全部羅列出來，包括你準備賣掉、不再使用的家具、家電、3C 產品等都可以羅列。另外別忘了自己的隱形資產──快樂、優勢、意義的清單。

負債

　　學貸、信貸、房貸、車貸、卡債、跟朋友借的錢、地下錢莊、當鋪、高利貸等，都請按照「負債現況」的要素逐一釐清並羅列出來。結合資產與負債，你就能知道自己的淨值，也就是你身家多少了！

收入

　　自己的薪資、獎金、副業、斜槓、零用錢、補助款等。

支出

　　儲蓄、生活費、保險費、債務月付、孝親費、家用、稅務、投資基金月存、教育基金月存等。

　　收入－「支出（絕對值）」＝盈餘。有了淨值與盈餘的數值，就能到四個象限按圖索驥，開始下一步行動！切記，你現在的狀態不代表任何無能或失敗，那只是過去一系列決策導致的結果而已，別讓它定義你的人生好壞。真正重要的是，接下來你想往哪裡走，以及你有多相信自己能做到，那才是真正能定義你的人生的關鍵。這本書與我們將陪伴你、協助你在實現的路上少走彎路。

⑧ 掌握差距，精準監控

　　有了財務目標與現況的盈餘、淨值，我們就能看到實際的差距了！根據這個差距，就可以計算所需要的年化報酬率、起始資金，以及接下來應該月付多少。在 GoodWhale App 裡，我們免費提供了計算器，來協助所有讀者、社群夥伴使用。而計算出所需的年化報酬率，我們也才能評估時間內達到的機率為何，如果很低，那就得增加資金（槓桿），或是拉長時間。

　　有了這些數字，我們也有了監控的標準。無論自己的投入是否達標，還是面對五花八門的投資選擇，甚至遇到理專的強力推銷時，你都有自己的判斷依據，知道該不該投入，而不會在衝動或是壓力下買進自己不懂的理財商品、做下錯誤的投資決策。

資產配置與
投資組合評估

你的心智沒辦法帶你離開你不想要的東西，
它只會關注你一直在想的畫面，
就算是你不想要的畫面，
而且還會不斷放大，彷彿那是你的目標似的。
——《創勝心態》

⑤ 做好準備，盡情攻掠

做好上述的準備之後，相信你已經開始想要大殺四方了。別急，我們蓋好城牆、顧好大後方；也要穿好盔甲、戴好頭盔、做足防禦工事，再來盡情地進攻、揮灑。

保障型資金

請開立一個帳戶作為資產帳戶，並設置每個月的自動轉帳進到帳戶當中。轉進去的錢包含但不限於你每個月的預定儲蓄，前期儲蓄會拿來充實緊急備用金，滿足了六～十二個月開銷之後儲蓄進去的，就是投資基金。如果你也有一些「分拆攤提費用」，例如保險是每年十二月繳一次，那麼就要將總金額分拆成十二個月，每個月定期轉進資產帳戶，以應付十二月時的一次性大筆支出。其他諸如結婚基金、旅遊基金、自我投資的學費，也都請比照辦理。當然，如果已經滿足了緊急備用金，某些較大消費也可以利用無息分期的方式繳交，為自己爭取多一點時間，早點開始學習或取得工具、產品。

在這同時，我們也要讓自己的財務護城河更加穩健，在設置緊急備用金時，可以採用滾動預算的方式來每月評估。也就是每個月去評估接下來六個月「逐月」的消費，因為很多單次消費不會分拆攤提，例如下個月要參加喜宴得要包紅包、聖誕節需採買禮物或是探訪親友等。藉由滾動預算，我們能在財務決策上始終保持六個月的從容，也因為能最大程度預知接下來六個月的開銷。在面對很多消費衝動時，我們更能保持冷靜，或至少有更全面的評估，不至於在需要用到錢的時候，才發現自己沒準備。

防守與進攻型資金

如同被動收入章節提及的方式，建議剛開始的夥伴都直接從股市、ETF開始，並採取長期持有聚寶盆好公司的策略。

要做到這件事，就是先開好台股、美股的證券帳戶。累積更多經驗或興趣後，就可以慢慢往選擇權、外匯，甚至加密貨幣等拓展，但是切記：保持理性配置！

從上個步驟得出來的所需年化報酬率，就是要藉由防守、進攻的投資組合來達成，而長期的聚寶盆好公司策略年化，約落在 15 ～ 25%，ETF（S&P500）則是 10.7%。快速

成長的產業 ETF 大家都可以從各大投行、顧問公司（如麥肯錫、BCG、PWC、KPMG、ARK 等）搜集資料，他們都會整理主流產業的期望年增率等，這些也都能拿來當作我們配置投資參考。

樂透型資金

　　樂透型資金可以放在自己的資產帳戶裡，要調用的時候再取用。切記配置控制在整體投資組合 5% 以下！

定期檢視
財務儀表板

知道我們不可能完成所有事情，
我們會將注意力轉移到我們必須完成的事情上。
專注最重要的事，每天都過得有成就。
——艾瑞克・奎爾曼（*Erik Qualman*）

⑤ 方向清晰，找到心中的理想生活

　　當你採取上述步驟開始執行，你就已經在成功的道路上了。試著比較一下以往做過的「投資理財」，包含盲目地記帳省錢，或是學到一個投資方法就開始投錢，多了怕虧、少了又不痛不癢。不然就是跟風投顧老師的明牌，糾結於出場時間，或是買一些自己完全不知道組成的基金，甚至買房強迫儲蓄等……你做的事情並沒有不同，但是感覺很不一樣，對嗎？

　　當你清晰自己的方向、明確自己的策略，那麼你的財富就不會是本來每天期待的「賺到錢才成功」，而是每天、每週、每月，按照自己的開銷預算支出，根據關鍵指標檢視，而非單純看股價漲跌。按照長期主義著重累積，而不抱持一夜致富的稀缺心態……這些轉變，都讓你的每一個今天，活成心目中的理想生活。

　　我們的工作要我們每個星期看進度、每個月看績效、每個季度看報表、每年再看表現；學校也都有月考、期中考、期末考來檢視所學。沒有關注，就沒有投入；沒有投入，就不會有進度。這麼多人每天喊著要賺更多錢，卻極少

有人在做定期檢視。我說的是「全面」檢視自己的財務進度，並在一路上持續修正、進步。也因此，我們需要的是打造自己專屬的財務儀表板，以及定期檢視的儀式。

收入

　　除了自己的月薪、獎金、分紅，當我們開始運用財富因子嘗試創造收益，請別吝於記錄，就算是十塊錢、別人請的飲料或甚至感謝的話，都記下來，這都是我們能用財富因子創造出更大財務成功的重要動力。

　　被動收入部分我傾向於在收到股息當月記錄，而投資組合的增長，則是記錄到資產的投資組合裡。

收入 TIP

儲蓄比例：每月儲蓄／每月收入＞或＝ 10%

可支配所得：每月收入扣除「生存」所需（稅、吃飯、住、水電瓦斯天然氣、通信網路）＞ 50% 薪資

支出

地毯式記帳（流水帳）兩週後，就可以開始進行科目分類（除非是興趣，否則不要長年記流水帳，太浪費時間）。抓取每個類別的概要開銷水準，並澈底盤點有沒有可以優化的地方，也知道每個月多了或少了哪些開銷。

注意，優化不是勒緊褲帶省錢，而是盡可能保持穩定的生活品質，但是花更少的錢，例如到全聯買食材用氣炸鍋料理，比起 Uber 或吃外食省時省事省錢；或是多花一點點錢，但是能夠大大增加產出的方法（例如從郊區搬到公司附近，或可大量節省通勤時間）。

請注意，支出的穩定比多寡更重要，有了穩定的基本水準，就能清楚得知自己的支出結構什麼是最大的，以及每一個類別正常應該花多少錢。在未來「剛好」碰到相關領域的人、資訊或產品時（剛好碰到再留意即可，不需要每天想著貨比三家、斤斤計較），就能第一時間進行評估，找到更好的來源，讓你花得更少、活得更好。

資產

　　資產負債每三個月更新一次。並且有自己的資料庫，保留一些投資產品的條款、內容；自己投資標的的分析紀錄，以及產業的相關介紹連結。在盤點完所有資產的時候，要注意的是資產的流動要記得記錄。例如朋友還錢了，那就從應收帳款移到銀行存款裡。

　　很多人說房子自住算負債嗎？這其實是一個被誤解的說法，房子本身是資產，而房子抵押的貸款是負債，當我們付了 200 萬頭期款，買了 1,000 萬的房子，那麼就等同資產項放進去一個價值 1,000 萬的房子，只是債務裡有 800 萬的債務。有了資產負債的概念，就比較能清晰客觀看待。

　　因為假設房子今年漲了 10%，從 1,000 萬漲到 1,100萬，那麼資產就要改成 1,100 萬，負債不變，也可以看到自己淨值增加。對資產的理解程度越高，越能幫助我們做出更好的決策，例如增貸，還是賣掉？要拉長寬限期、還是提早還清？

　　投資組合部分，則是每年關注一次整體數字（標的是每三個月追蹤一次），並且用來判斷跟自己的期望收益的差別。值得注意的是，這個差別我本身不會太在意，反而是回

歸公司的基本面，包含所在產業的發展、護城河、管理層、關鍵指標等，只有惡化了才會是我賣出的理由，單純的帳面虧損不會是我賣出的理由。

負債

　　負債除了現況記錄外，也要有資料庫，也就是負債章節提到的「債務處置表」，把所有債務的條件都放到特定頁面裡，需要時可以參考。

　　房貸用每個月的收入還了三個月，那麼房貸應該減少三個月，這樣就能看到淨值增加。當我們變賣了什麼東西、拿來還債時，也是如此，假設變賣了 50 萬勞力士錶，拿來還掉 50 萬卡債。一旦完成後，資產項裡就會把勞力士拿掉，但同步地，負債的卡債也沒了。

　　負債管控的另外一個重點就是還債的順序，之前見過羅伯特・清崎先生，雖然建議從小的負債開始還，但我還是堅持從債務本身的利率、期限、綁約、月付額等特質綜合評估再決定。

　　以上的表格模板，我已整理在書末的【10 週打造致富體質行動清單】，你可以掃描 QR Code 下載，依據狀況調

整，打造最適合你自己的儀表板。

　　恭喜大家走到這裡，我相信你已經掌握了不僅是財務成功，而且是人生財富的關鍵鑰匙了。

　　接下來請按照自己的意願生活、活成自己喜歡的樣子，也希望你能用自己的成功，去協助身邊其他受苦的人。如果有遭遇任何困難或問題，請直接到 GoodWhale Community 裡找到我及我的團隊。我們比誰都希望看到您成就美好與幸福的理想人生！

財務總體檢視項目

1. 財務現況——總表
2. 每月收入結構
3. 每月支出結構
4. 季度資產與負債盤點
5. 資產與投資組合
6. 各銀行帳戶整合
7. 負債清單明細
8. 台股證券帳戶
9. 美股證券帳戶
10. 外匯帳戶
11. 加密貨幣帳戶
12. 債券帳戶

10週打造致富體質
行動清單

—— before you take action ——
行動清單使用說明

　　養成習慣就像推動巨大滾輪，只要克服最大靜摩擦力，一旦開始滾動，財富將比你想像中來得巨大、快速。問題是，戰勝最大靜摩擦力，需要的是沉穩的長期注意、不急躁的慢慢來心態。也因此只有少數人能成功戰勝，看到財富開始滾動那一天。

　　這個十週計畫，就是為了協助你克服最大靜摩擦力。你可以選擇一股作氣、照表操課，用十週時間完成，也可以按照自己的節奏，每週進步一點點，用半年、一年的時間慢慢推進。慢沒關係，只要你能保持前進。

　　過程中，我們要克服的不只是你眼下繁忙的工作、生活瑣事、家庭作息等，還有你一直以來可能不利於朝向理想生活前進的信念、認知、思維模式，那才是最大的阻礙。因此除了明確的行動事項，你也會需要額外的支持與資源來協

助你。這也是為什麼我們希望將所有正在打造個人財富之路的夥伴聚集起來、打造社群，互相扶持、互相取暖。在前進的道路上，藉由分享自己的觀點、深化自己的能力，也帶給他人啟發。我也會與團隊在社群提供所有必要的協助、回答所有問題，加速每位夥伴的華麗轉身。

　　十週行動清單的終點不是直接成為億萬富翁，而是能讓你的生活、所思所想都收斂成自己心目中理想的樣子。讓你開始成為榜樣，真正理解、善用自己能打造巨大財富的能力，不再有無謂的內耗與浪費。從財務層面來說，你將在十週後擁有一套完整的財務成長管理體系；你的生活不再有金錢焦慮、外在主流價值觀將不能再影響你。讓你的每一天都成為理想生活、每一天都成為值得追求的財富本身。

　　掃描 QR Code 後，可先至「行動清單」依照每週各個行動事項做規劃，我也會在下頁詳細說明每一週的重點原則；「表單說明」則為 10 張試算表的說明。目前表單上的數字皆是以書中的 Amy 為範例，讀者們可以掃描下載後，修改為自己的數字。

▌第一週

　　讓你的理想生活能真實顯化；你所認為的美好、你所想要的改變，能在這個世界有容身之處。把它從你的腦袋裡寫到夢想倉庫，也為自己的願景收斂打好基礎；這些改變會讓你有所不安、感到不切實際，所以也趁此機會加入社群，獲得更多支持，讓自己能真正踏上征途。

▌第二週

　　直擊面對你的現有處境。沒有絕望的處境，只有對處境絕望的人；對處境的絕望，絕大多數來自於對處境的恐懼、而非處境本身。在這個階段，我們要用系統化的方法來誠實處理，讓自己找到可以突破的空隙，或是進一步強化你的優勢。

▌第三週

　　有效提升你對金錢、財務衍生各種情緒的掌控能力；我們痛恨權威也依賴權威；對錢、有錢人有負面觀感、卻又同時依賴金錢。想要將主權、掌控力拿回來，首要就是在降低依賴的同時、也降低對失去的恐懼。在這一週我們要探索生存底線，用實際探索來降低金錢對你的影響力、增加你對金錢的掌控能力。

▌第四週

確保自己能在財務、金錢上立於不敗之地。我們都希望獲得財務上的成功讓家人有更好的生活，我們最不想看到的，就是在追求財務成功的路上，家人因為我們失敗或方法錯誤而遭受痛苦──這也形成了很多人躺平的理由──努力不只沒用、還更糟糕，那不如別努力。這一週，我們要杜絕這種可能，讓你與家人立於不敗之地。

▌第五週

在第四週有了足夠的後盾，我們就能在第五週踏出理想未來的第一步──拆解目標。此時的你有了前面幾週的夢想倉庫累積，應該可以有初步的願景收斂，理解哪些是你心目中的未來不可或缺的。我們用財務目標、實際行動去拆解它，讓未來，現在就開始發生。

▌第六週

恭喜你完成了一半的準備進度。接下來我們要向市場出發，善用這世界的資源來為自己打造財富！有了前面五週的積累，結合你的財務目標、現況、預期的投入資金、定期定額及紀律、年限等，我們可以計算出專你個人所需的年化報酬率。一切的投資標的選擇都是從這裡開始的。從這週

起，你需要開始理解哪些投資方式、產品能協助你打造理想生活、哪些可以一概忽略。

▌第七、八週

對於自己所需的報酬率有概要都理解後，我們在第七週、第八週將要深入資產配置的每一桶金，探索可能適合自己的標的，並尋求更細緻的方法來分析這些標的、判斷優劣以及在風險與活力之間找到穩健解方，真正擁有賺到錢、也賺到生活的投資組合。

可能你已經迫不及待想開始進到市場、投資獲利了。但別著急，如果沒有前面八週的準備，我們真的很容易變成炮灰！所以要先恭喜你完成了前八週的紮實備戰基礎。

▌第九週

我們要開始尋找市場上能提供最多價值的服務平台、協助我們將金錢投入合適的優質標的。因為各服務商競爭激烈，我們將不斷尋求市場上最安全、最能給大眾投資者優渥條件的平台與服務，讓大家打通最後一道關卡，正式成為「為自己理想而活的人生全職投資人」！

▌第十週

　　最後要再囉嗦一下，十週的結束並不是終點，而是你完成十週不斷進化、用全新的自己來面對世界的新起點。隨著時間流逝、成長歷練增加，我們的夢想與理想人生可能不同，那都沒有關係，只要不斷善用這個體系，無論改變多劇烈、夢想多遠大，你都能賺夠這輩子的錢！

　　工具清單也會不斷隨著大家的反饋優化，請盡情享用；也別忘了，用你的成功，幫助更多需要你的人！

行動清單下載

致富，從這裡開始
載點：https://reurl.cc/M4YnW4
小提醒！請使用電腦開啟，方便個人試算與記錄。各行動裝置開啟試算表的軟體有所差異，可能無法正常顯示。

加入 GoodWhale Community

國家圖書館出版品預行編目資料

這輩子賺多少才夠？【行動清單 ×10 張表格】逆轉
勝！成為自己的富一代 黃士豪作 . -- 初版 . -- 臺北市：
三采文化股份有限公司 , 2024.04
　面；　公分 . -- (iRICH)
ISBN 978-626-358-323-8(平裝)

1.CST: 財務管理 2.CST: 財務策略 3.CST: 財富

494.7　　　　　　　　　　　113002915

◎圖片提供：
Yeti studio / Shutterstock.com

iRICH 38

這輩子賺多少才夠？

【行動清單 × 10 張表格】逆轉勝！成為自己的富一代

作者｜ Will 黃士豪

編輯四部總編輯｜王曉雯　　主編｜黃迺淳　　執行編輯｜杜雅婷

美術主編｜藍秀婷　　封面設計｜兒日設計　　內頁設計｜李蕙雲

內頁編排｜中原造像股份有限公司　　校對｜黃志誠

專案協理｜張育珊　　行銷企劃主任｜呂秝萱

發行人｜張輝明　　總編輯長｜曾雅青　　發行所｜三采文化股份有限公司

地址｜台北市內湖區瑞光路 513 巷 33 號 8 樓

傳訊｜ TEL: (02) 8797-1234　FAX: (02) 8797-1688　　網址｜ www.suncolor.com.tw

郵政劃撥｜帳號：14319060　　戶名：三采文化股份有限公司

初版發行｜ 2024 年 4 月 26 日 定價｜ NT$480

　　4 刷｜ 2024 年 6 月 15 日